第十八届

# 中国土木工程詹天佑奖

## 获奖工程集锦

易 军 主编

中 国 土 木 工 程 学 会
北京詹天佑土木工程科学技术发展基金会

中国建筑工业出版社

**图书在版编目（CIP）数据**

第十八届中国土木工程詹天佑奖获奖工程集锦／易军主编；中国土木工程学会，北京詹天佑土木工程科学技术发展基金会组织编写．—北京：中国建筑工业出版社，2021.6

ISBN 978-7-112-26145-1

Ⅰ．①第… Ⅱ．①易… ②中… ③北… Ⅲ．①土木工程－科技成果－中国－现代 Ⅳ．①TU-12

中国版本图书馆CIP数据核字（2021）第091113号

责任编辑：王砾瑶　范业庶
书籍设计：锋尚设计
责任校对：李美娜

**第十八届中国土木工程詹天佑奖获奖工程集锦**
易　军　主编
中国土木工程学会
北京詹天佑土木工程科学技术发展基金会

\*

中国建筑工业出版社出版、发行（北京海淀三里河路9号）
各地新华书店、建筑书店经销
北京锋尚制版有限公司制版
北京富诚彩色印刷有限公司印刷

\*

开本：965毫米×1270毫米　1/16　印张：11½　字数：440千字
2021年9月第一版　　2021年9月第一次印刷
定价：**199.00**元
**ISBN 978-7-112-26145-1**
（37204）

# 《第十八届中国土木工程詹天佑奖获奖工程集锦》编委会

主　　编：易　军

副 主 编：戴东昌　王同军　张宗言　尚春明　马泽平　顾祥林

　　　　　刘起涛　王　俊　李　宁　聂建国　徐　征　李明安

编　　辑：程　莹　薛晶晶　董海军

# 前言

土木工程是一门与人类历史共生并存、集人类智慧之大成的综合性应用学科，它源自人类生存的基本需要，转而渗透到了国计民生的方方面面，在国民经济和社会发展中占有重要的地位。如今，一个国家的土木工程技术水平，已经成为衡量其综合国力的一个重要内容。

"科技创新，与时俱进"，是振兴中华的必由之路，是保证我们国家永远立于世界民族之林的关键之一。同其他科学技术一样，土木工程技术也是一门需要随着时代进步而不断创新的学科，在我们中华民族为之骄傲的悠久历史上，土木建筑曾有过举世瞩目的辉煌！在改革开放的今天，现代化进程为中华大地带来了日新月异的变化，国民经济发展迅猛，基础建设规模空前，我国先后建成了一大批具有国际水平的重大工程项目，这无疑为我国土木工程技术的发展与应用提供了无比广阔的空间，同时，也为工程建设者们施展才能提供了绝妙的机会。

为推动我国土木工程科学技术的繁荣发展，积极倡导土木工程领域科技应用和科技创新的意识，中国土木工程学会与北京詹天佑土木工程科学技术发展基金会专门设立了"中国土木工程詹天佑奖"，以奖励和表彰在科技创新特别是自主创新方面成绩卓著的优秀项目，树立科技领先的样板工程，并力图达到以点带面的目的。自1999年开始，迄今已评奖18届，共计524项工程获此殊荣。

中国土木工程詹天佑奖是经国家批准、住房城乡建设部认定、科技部首批核准，在建筑、铁道、交通、水利等土木工程领域组织开展，以表彰奖励科技创新与新技术应用成绩显著的土木工程建设项目为宗旨。中国土木工程詹天佑奖评选能够始终坚持"公开、公平、公正"的设奖原则，已经成为我国土木工程建设领域科技创新的最高奖项，为弘扬科技创新精神，激励科技人员的创新创造热情，促进我国土木工程科技水平的提高发挥了积极作用。

　　为了扩大宣传，促进交流，我们编撰出版了这部《第十八届中国土木工程詹天佑奖获奖工程集锦》大型图集，对第十八届的30项获奖工程作了简要介绍，并配发了具有代表性的图片，以助读者更为直观地领略获奖工程的精华之所在。另外，我们也想借助这本图集的发行，赢得广大工程界的朋友对"中国土木工程詹天佑奖"更进一步的了解、支持和参与，希望通过我们的共同努力，使这一奖项更具创新性、先进性和权威性。

　　由于编印时间仓促，疏漏之处在所难免，敬请批评指正。

　　本图集主要是根据第十八届中国土木工程詹天佑奖申报资料中的照片和说明以及部分获奖单位提供的获奖工程照片选编而成。谨此，向为本图集提供资料及图片的获奖单位表示诚挚的谢意。

# 目录

# 获奖工程及获奖单位名单

## 500m口径球面射电望远镜（FAST）工程

（推荐单位：贵州省土木建筑工程学会）

中国科学院国家天文台

北京市建筑设计研究院有限公司

江苏沪宁钢机股份有限公司

浙江东南网架股份有限公司

柳州欧维姆工程有限公司

中国中元国际工程有限公司

中铁十一局集团有限公司

## 辰花路二号地块深坑酒店

（推荐单位：中国建筑集团有限公司）

中国建筑第八工程局有限公司

华东建筑设计研究院有限公司

上海申元岩土工程有限公司

杭萧钢构股份有限公司

苏州金螳螂幕墙有限公司

上海建工一建集团有限公司

中建八局装饰工程有限公司

## 东方之门

（推荐单位：上海市土木工程学会）

上海建工集团股份有限公司

上海建工一建集团有限公司

苏州乾宁置业有限公司

华东建筑设计研究院有限公司

上海市机械施工集团有限公司

上海市安装工程集团有限公司

苏州金螳螂幕墙有限公司

## 新建云桂铁路引入昆明枢纽昆明南站站房工程

（推荐单位：中国铁道建筑集团有限公司）

中铁建设集团有限公司

中铁第四勘察设计院集团有限公司

广东省建筑设计研究院有限公司

中国铁路昆明局集团有限公司

中铁十一局集团有限公司

中铁建设集团基础设施建设有限公司

浙江东南网架股份有限公司

## 珠海十字门中央商务区会展商务组团一期工程

（推荐单位：中国土木工程学会总工程师工作委员会）

上海宝冶集团有限公司

珠海十字门中央商务区建设控股有限公司

广州容柏生建筑结构设计事务所（普通合伙）

广州市设计院

广东建星建造集团有限公司

湖南建工集团有限公司

深圳市三鑫科技发展有限公司

广东景龙建设集团有限公司

广州江河幕墙系统工程有限公司

深圳市建筑装饰（集团）有限公司

## 苏州工业园区体育中心（体育场、游泳馆）

（推荐单位：江苏省土木建筑学会）

中建三局集团有限公司

上海建筑设计研究院有限公司

中建科工集团有限公司

## 曲江·万众国际

（推荐单位：陕西省土木建筑学会）

陕西建工第一建设集团有限公司

陕西建工机械施工集团有限公司

陕西万众控股集团有限公司

西北综合勘察设计研究院

上海世博会博物馆

（推荐单位：上海市住房和城乡建设管理委员会科学技术委员会）

上海建工四建集团有限公司
华东建筑设计研究院有限公司
上海市机械施工集团有限公司


中国人寿研发中心一期

（推荐单位：北京市建筑业联合会）

北京建工集团有限责任公司
中铁建设集团有限公司
中国人寿保险股份有限公司
悉地国际设计顾问（深圳）有限公司
北京双圆工程咨询监理有限公司
北京国际建设集团有限公司


重庆至贵阳铁路扩能改造工程新白沙沱长江大桥及相关工程站前工程

（推荐单位：重庆市土木建筑学会）

中铁大桥局集团有限公司
中铁二院工程集团有限责任公司
中铁大桥勘测设计院集团有限公司
渝黔铁路有限责任公司
中铁大桥局集团第八工程有限公司
中铁大桥局集团第一工程有限公司
北京铁城建设监理有限责任公司


昆山市江浦路吴淞江大桥整体顶升改造工程

（推荐单位：中国土木工程学会桥梁及结构工程分会）

上海先为土木工程有限公司
江苏省交通运输厅港航事业发展中心

中交公路规划设计院有限公司
江苏省苏州市航道管理处
中铁一局集团有限公司


矮寨大桥

（推荐单位：中国土木工程学会桥梁及结构工程分会）

湖南省交通规划勘察设计院有限公司
湖南路桥建设集团有限责任公司
湖南省高速公路集团有限公司
湖南尚上市政建设开发有限公司
重庆万桥交通科技发展有限公司
湖南百舸水利建设股份有限公司
武汉船用机械有限责任公司


新建西安至成都铁路西安至江油段

（推荐单位：中国铁道工程建设协会）

西成铁路客运专线陕西有限责任公司
西成铁路客运专线四川有限公司
中铁第一勘察设计院集团有限公司
中铁二院工程集团有限责任公司
中铁十二局集团有限公司
中铁十一局集团有限公司
中铁十七局集团有限公司
中铁五局集团有限公司
中铁二局集团有限公司
中国铁建电气化局集团有限公司


新建宝鸡至兰州铁路客运专线

（推荐单位：中国铁道工程建设协会）

中铁十二局集团有限公司
兰新铁路甘青有限公司
中铁第一勘察设计院集团有限公司
中铁二十一局集团有限公司
中铁四局集团有限公司

中铁二局集团有限公司
中国铁建大桥工程局集团有限公司
中铁隧道局集团有限公司
中铁二十局集团有限公司
中铁三局集团有限公司

安徽省路桥工程集团有限责任公司
中交一公局第一工程有限公司
同济大学
中铁十二局集团第二工程有限公司
中交一公局桥隧工程有限公司
中铁隧道集团二处有限公司
安徽省高等级公路工程监理有限公司

### 新建肯尼亚蒙巴萨至内罗毕标轨铁路

（推荐单位：中国交通建设股份有限公司）

中国路桥工程有限责任公司
中交铁道设计研究总院有限公司（中交水运规划设计院有
限公司）
中国建筑科学研究院有限公司
中交第二公路工程局有限公司
中交第四航务工程局有限公司
中交第一航务工程局有限公司
中交第二航务工程局有限公司
中交一公局集团有限公司
中交机电工程局有限公司
中交第三公路工程局有限公司

### 右江百色水利枢纽工程

（推荐单位：中国大坝工程学会）

广西右江水利开发有限责任公司
广西壮族自治区水利电力勘测设计研究院有限责任公司
中水珠江规划勘测设计有限公司
中国水利水电第十六工程局有限公司
中国水利水电第四工程局有限公司
中国水利水电第十四工程局有限公司
中国能源建设集团广西水电工程局有限公司
中国葛洲坝集团市政工程有限公司

### 国道317线雀儿山隧道工程

（推荐单位：中国建筑集团有限公司、湖南省土木建筑
学会）

中国建筑第五工程局有限公司
四川高速公路建设开发集团有限公司
中铁一局集团有限公司
四川省公路规划勘察设计研究院有限公司
山东格瑞特监理咨询有限公司

### 连云港港徐圩港区防波堤工程

（推荐单位：中国交通建设股份有限公司）

中交第三航务工程局有限公司
中交第三航务工程勘察设计院有限公司
连云港30万吨级航道建设指挥部
中设设计集团股份有限公司
中建筑港集团有限公司
江苏科兴项目管理有限公司
连云港科谊工程建设咨询有限公司

### 岳西至武汉高速公路安徽段

（推荐单位：中国土木工程学会工程风险与保险研究分会）

安徽省交通控股集团有限公司
交通运输部公路科学研究院
安徽省交通规划设计研究总院股份有限公司

### 上海国际航运中心洋山深水港区四期工程

（推荐单位：中国土木工程学会港口工程分会）

上海国际港务（集团）股份有限公司
中交第三航务工程勘察设计院有限公司
上海海勃物流软件有限公司

中交第三航务工程局有限公司
中交上海航道局有限公司
中交上海航道勘察设计研究院有限公司
中港疏浚有限公司
上海振华重工（集团）股份有限公司

**郑州市南四环至郑州南站城郊铁路一期工程**

（推荐单位：河南省土木建筑学会）

郑州地铁集团有限公司
北京城建设计发展集团股份有限公司
郑州一建集团有限公司
中铁七局集团有限公司
中铁一局集团有限公司
中铁四局集团有限公司
中铁十一局集团有限公司
上海隧道工程有限公司
中建七局建筑装饰工程有限公司
中国铁路通信信号上海工程局集团有限公司

**重庆轨道交通十号线一期（建新东路～王家庄段）工程**

（推荐单位：中国铁路工程集团有限公司）

中国中铁股份有限公司
重庆市轨道交通（集团）有限公司
北京城建设计发展集团股份有限公司
重庆市勘测院
中铁四局集团有限公司
中铁电气化局集团有限公司
中铁三局集团有限公司
中铁八局集团有限公司
中铁六局集团有限公司
中铁武汉电气化局集团有限公司

**天津地铁3号线工程**

（推荐单位：天津市土木工程学会）

天津市地下铁道集团有限公司
中国铁路设计集团有限公司
天津市市政工程设计研究院
中铁四局集团有限公司
中铁三局集团有限公司
中铁十八局集团有限公司
中铁十六局集团北京轨道交通工程建设有限公司
中铁隧道局集团有限公司
天津城建集团有限公司
天津大学建筑工程学院

**济南轨道交通1号线工程**

（推荐单位：中国土木工程学会轨道交通分会）

济南轨道交通集团有限公司
北京城建设计发展集团股份有限公司
中国建筑第八工程局有限公司
中铁十四局集团有限公司
中铁十局集团有限公司
济南长兴建设集团有限公司
中铁一局集团有限公司
中铁四局集团有限公司
山东省地矿工程勘察院
上海同岩土木工程科技股份有限公司

**杭州文一路地下通道（保俶北路～紫金港路）工程**

（推荐单位：中国土木工程学会市政工程分会）

中国电建集团华东勘测设计研究院有限公司
上海市隧道工程轨道交通设计研究院
上海隧道工程有限公司
上海城建信息科技有限公司
浙大网新系统工程有限公司
杭州水电建筑集团有限公司

宏润建设集团股份有限公司

上海基础设施建设发展（集团）有限公司

腾达建设集团股份有限公司

## 上海嘉闵高架路北段工程

（推荐单位：中国土木工程学会市政工程分会）

上海市城市建设设计研究总院（集团）有限公司

上海公路投资建设发展有限公司

同济大学

上海建工四建集团有限公司

上海公路桥梁（集团）有限公司

中交第三航务工程局有限公司

中铁上海工程局集团有限公司

中铁二十四局集团有限公司

中铁上海设计院集团有限公司

## 北京槐房再生水厂

（推荐单位：北京市建筑业联合会）

北京城建集团有限责任公司

北京市市政工程设计研究总院有限公司

北京城市排水集团有限责任公司

北京市园林绿化集团有限公司

## 武汉东湖国家自主创新示范区有轨电车试验线工程

（推荐单位：中国土木工程学会城市公共交通分会）

武汉光谷交通建设有限公司

上海市城市建设设计研究总院（集团）有限公司

武汉市市政建设集团有限公司

中铁电气化局集团有限公司

北京城建设计发展集团股份有限公司

中铁宝桥集团有限公司

中铁重工有限公司

上海奥威科技开发有限公司

## 佛山市天然气高压输配系统工程

（推荐单位：中国土木工程学会燃气分会）

佛燃能源集团股份有限公司

中国市政工程华北设计研究总院有限公司

中石化江汉油建工程有限公司

## 瑞源·名嘉汇住宅小区工程

（推荐单位：中国土木工程学会住宅工程指导工作委员会）

青岛鲁泽置业集团有限公司

青岛瑞源工程集团有限公司

青岛德泰建设工程有限公司

青岛文达通科技股份有限公司

青岛瑞源物业有限公司

青岛时代建筑设计有限公司

青岛泰鼎工程管理有限公司

中国土木工程詹天佑奖由中国土木工程学会和北京詹天佑土木工程科学技术发展基金会于1999年联合设立，是经国家批准、住房城乡建设部认定、科技部首批核准，在建筑、铁道、交通、水利等土木工程领域组织开展，以表彰奖励科技创新与新技术应用成绩显著的工程项目为宗旨的科技奖项，为促进我国土木工程科学技术的繁荣发展发挥了积极作用。

# 中国土木工程詹天佑奖简介

**1** 为贯彻国家科技创新战略，提高土木工程建设水平，促进先进科技成果应用于工程实践，创造优秀的土木建筑工程，特设立中国土木工程詹天佑奖。本奖项旨在奖励和表彰我国在科技创新和科技应用方面成绩显著的优秀土木工程建设项目。本奖项评选要充分体现"创新性"（获奖工程在规划、勘察、设计、施工及管理等技术方面应有显著的创造性和较高的科技含量）、"先进性"（反映当今我国同类工程中的最高水平）、"权威性"（学会与政府主管部门之间协同推荐与遴选）。

本奖项是我国土木工程界面向工程项目的最高荣誉奖，由中国土木工程学会和北京詹天佑土木工程科学技术发展基金会颁发，在住房城乡建设部、交通运输部、水利部及中国国家铁路集团有限公司等建设主管部门的支持与指导下进行。

本奖项每年评选一次，每次评选获奖工程一般不超过 30 项。

**2** 本奖项隶属于"詹天佑土木工程科学技术奖"（2001 年 3 月经国家科技奖励工作办公室首批核准，国科准字 001 号文），住房城乡建设部认定为建设系统的主要评比奖励项目之一（建办 [ 2001 ] 38 号）。

**3** 本奖项评选范围包括下列各类工程：

（1）建筑工程（含高层建筑、大跨度公共建筑、工业建筑、住宅小区工程等）；

（2）桥梁工程（含公路、铁路及城市桥梁）；

（3）铁路工程；

（4）隧道及地下工程、岩土工程；

（5）公路工程；

（6）水利、水电工程；

（7）水运、港口及海洋工程；

（8）城市公共交通工程（含轨道交通工程）；

（9）市政工程（含给水排水、燃气热力工程）；

（10）特种工程（含军工工程）。

**4** 申报本奖项的单位必须是中国土木工程学会团体会员。申报本奖项的工程需具备下列条件：

（1）必须在规划、勘察、设计、施工以及工程管理等方面有所创新和突破（尤其是自主创新），整体水平达到国内同类工程领先水平；

（2）必须突出体现应用先进的科学技术成果，有较高的科技含量，具有较大的规模和代表性；

（3）必须贯彻执行"创新、协调、绿色、开放、共享"新发展理念，突出工程质量安全、使用功能以及节能、节水、节地、节材和环境保护等可持续发展理念；

第十七届领奖大会现场

（4）工程质量必须达到优质工程；

（5）必须通过竣工验收。对建筑、市政等实行一次性竣工验收的工程，
必须是已经完成竣工验收并经过一年以上使用核验的工程；对铁
路、公路、港口、水利等实行"交工验收或初验"与"正式竣工验收"
两阶段验收的工程，必须是已经完成"正式竣工验收"的工程。

科技部颁发奖项证书

**5** 本奖项采取"推荐制"，根据评选工程范围和标准，由建设、交通、
水利、铁道等有关部委主管部门、各地方学会、学会分支机构、业内大
型央企及受委托的学（协）会提名推荐参选工程；在推荐单位同意推荐
的条件下，由参选工程的主要完成单位共同协商填报"参选工程申报书"
和有关申报材料；经中国土木工程詹天佑奖评选委员会进行遴选，提出
候选工程；召开中国土木工程詹天佑奖评选委员会与指导委员会联席会
议，确定最终获奖工程。

第十七届评审大会

本奖项评审由"中国土木工程詹天佑奖评选委员会"组织进行，评
选委员会由各专业的土木工程资深专家组成。中国土木工程詹天佑奖指
导委员会负责工程评选的指导和监督，中国土木工程詹天佑奖指导委员
会由住房城乡建设部、交通运输部、水利部、中国国家铁路集团有限公
司（原铁道部）等有关部门、业内资深专家以及中国土木工程学会和北
京詹天佑土木工程科学技术发展基金会的领导组成。

第十八届评审大会

**6** 在评奖年度组织召开颁奖大会，对获奖工程的主要参建单位授予
詹天佑荣誉奖杯、奖牌和证书，并统一组织在相关媒体上进行获奖工
程展示。

第十七届获奖代表领奖

# 500m口径球面射电望远镜（FAST）工程

推荐单位
贵州省土木建筑学会

## 1 工程概况

　　FAST是国家"十一五"重大科技基础设施建设项目，开创了建造巨型望远镜的新模式，成功地建设了反射面相当于30个足球场的射电望远镜，灵敏度达到世界第二大望远镜的2.5倍以上，大幅拓展人类的视野，用于探索宇宙起源和演化。

　　FAST全新的设计理念带来了极大的技术挑战。巨大的反射面能根据天体的目标位置实时地主动调节形状，在观测方向上形成300m直径的瞬时抛物面；30t的馈源舱在140m的

FAST全景图

高空、206m的范围内，利用六根钢索进行高精度控制。反
射面和馈源舱须在公里级的尺度上实现毫米级的动态控制精
度。巨大工程体量、超高精度要求及特殊的工作方式，造就
了FAST前所未有的技术挑战。

　　工程于2011年3月25日开工建设，2016年9月25日竣工，
总投资11.74亿元。

## **2** 科技创新与
新技术应用

**1** 创建了超大型射电望远镜的新系统，即主动反射面、馈源支撑等系统，实现了500m口径反射面主动变位和馈源舱高精度定位，是射电望远镜建造技术的重大突破。

**2** 提出了适应山区复杂地形的圈梁支承形式，发明了索网形态分析的目标位形初应变补偿法，研究了主动变位的索网疲劳性能，实现了FAST大尺度、超高精度及主动变位等创新性结构设计。

**FAST鸟瞰图**

3 研制了500MPa超高应力幅及毫米级精度的结构钢索，发明了多种大跨度、高精度施工工法，突破了现场极其苛刻的复杂场地限制，实现了建设完成跨度极大、精度极高的望远镜主体结构，是建筑工程史上一大创举。

4 发明了大尺度、高精度、高动态测量控制与安全评估技术，实现了提供反射面高精度位置信息和全天候、高精度、大尺度高采样率的馈源支撑动态测量。

5 在管理创新方面，采用了全过程工程咨询模式，开创了"十字形"交叉管理系统和"五维一体"的项目管理方式，实现了节能、绿色、环保等管理体系的有机融合，开启了大科学工程建设管理的新模式。

FAST立面图

FAST索网安装

FAST馈源塔

FAST圈梁和台址

FAST索网和反射面单元

FAST馈源舱和索驱动

🏆 获奖情况

1 2018年度英国结构工程师学会杰出结构大奖；

2 "大跨度结构技术创新与工程应用"获得2019年度国家科技进步奖二等奖；

3 "500m口径球面射电望远镜超大空间结构工程创新与实践"获得2016年度北京市科学技术奖一等奖；2015年度中国钢结构协会科学技术奖特等奖；

4 "500m口径射电望远镜柔性并联索驱动系统技术及装备"获得2018年度辽宁省科学技术进步奖一等奖；

5 "500MPa应力幅耐疲劳高精度索网关键技术的研究与应用"获得2016年度广西壮族自治区科学技术奖技术发明奖一等奖；

6 "500m口径球面射电望远镜反射面结构单元建造技术创新与实践"获得2020年度浙江省科学技术进步奖二等奖；

7 "大芯数、超稳定、弯曲可动光缆关键技术研究及产业化"获得2017年度贵州省科学技术进步奖二等奖；

8 2017年度中国勘察设计协会全国优秀工程勘察设计行业奖"优秀建筑结构专业"一等奖；

9 2019年度中国勘察设计协会行业优秀勘察设计奖"优秀工程勘察与岩土工程"一等奖；

10 2018年度贵州省优秀工程勘察设计评选委员会贵州省优秀工程勘察设计奖一等奖；

11 2018～2019年度中国建筑业协会中国建设工程鲁班奖（国家优质工程）；

12 2017年度贵州省住房和城乡建设厅贵州省黄果树杯优质工程奖；

13 2017年度中国建筑金属结构协会第十二届第二批中国钢结构金奖。

辰花路二号地块深坑酒店

推荐单位
中国建筑集团有限公司

# 1 工程概况

　　辰花路二号地块深坑酒店位于上海市松江佘山国家旅游度假区的天马山深坑内，海拔-88m，占地面积约为10万m²，总建筑面积6.2万m²，坑内建筑16层（水下2层），坑外2层，地上高度12.8m。建筑功能包括酒店大堂、会议中心、客房部分、娱乐餐饮以及后勤服务等。酒店共拥有客房和套房336间，会议室6间。酒店利用所在深坑的环境特点，所有客房均设有观景露台，可欣赏峭壁瀑布。酒店设有攀岩、景观餐厅

深坑酒店立面图

和850m² 宴会厅，在地平面以下设置有酒吧、SPA、室内游泳池和步行景观栈道等设施以及水下情景套房与水下餐厅。

酒店遵循自然环境，一反向天空发展的传统建筑理念，下探地表88m开拓建筑空间。酒店主体自然地"挂"在岩壁上，实现了坑壁和建筑的完美融合，是世界首个建造在废石坑内的自然生态酒店，创造了全球人工海拔最低五星级酒店的世界纪录,被美国国家地理誉为"世界建筑奇迹"。

坑顶基础采用钢筋混凝土嵌岩钻孔灌注桩+桩基独立承台+连系梁，坑内基础为分块箱形基础结合筏形基础。主体结构为带支撑钢框架-钢筋混凝土剪力墙结构体系，框架柱为倾斜钢管混凝土柱。

工程于2011年6月1日开工建设，2018年9月29日竣工，总投资20亿元。

游泳池

1. 该项目是世界首个建造在废石坑内的自然生态酒店，创造了全球人工海拔最低五星级酒店的世界纪录。

2. 首次揭示深坑建筑结构受有"幅值差"、无"相位差"的多点地震作用问题，并提出竖向多点支承结构体系弹性及弹塑性动力分析方法，填补了我国房屋建筑结构在竖向多点支承约束体系的设计空白。

3. 首次提出了"深坑—基础—结构"共同作用下深坑建筑结构抗震控制简化方法，突破了常规工程抗震设计方法在矿坑建筑中应用的瓶颈。

4. 提出复杂地质环境下的三维协同设计方法，实现了设计可视化与虚拟建造，避免结构与岩土体界面碰撞，达到安全可靠、节省能源与成本、降低周围环境影响的高效三维协同设计。

5. 发明了百米负向混凝土输送装备和施工方法，"多单元竖向桁架+多点水平约束"的运输通道，突破了传统施工技术无法满足深坑建筑高效施工的技术难题，实现了深坑建筑人员与物料的高效安全输送。

6. 发明了渐进式无支撑体系空间钢桁架施工方法、矿坑钢拱架安装施工方法与构件递推接力安装技术，解决了矿坑内受限空间建筑结构施工难题。

7. 发明了矿坑崖壁逃生通道结构及施工方法，形成上下双向疏散、坑内立体扑救的消防体系；研发了深坑内水文控制系统及水位控制方法，形成了百米矿坑安全施工、运营防护技术，解决了矿坑安全防护技术难题。

8. 项目的成功实施开创了地平线下人居建筑的先河，提升了我国在城市生态环境修复工作上的国际影响力。

艺术雕塑

深坑酒店星空夜景图

🏆 获奖情况

1  "陡崖峭壁深坑（80m）酒店工程施工垂直运输关键技术研究与应用"
   获得2017年度华夏建设科学技术奖励委员会华夏建设科学技术奖
   二等奖；

2  2019年度住房和城乡建设部绿色施工科技示范工程、市政公用科技
   示范工程；

3  2019年度中国勘察设计协会行业优秀勘察设计奖"优秀工程勘察与
   岩土工程"一等奖；

4  2019年度上海市建筑施工行业协会上海市建设工程"白玉兰"奖
   （市优质工程）。

观景平台水幕

# 东方之门

推荐单位

上海市土木工程学会

苏州东方之门航拍图

## 1 工程概况

东方之门以其独特的设计理念享誉国内外，由两栋超高层建筑组成的双塔连体建筑，是至今为止世界最高、体量最大的拱门式建筑，在其穹顶建设具有古典韵味的空中苏州园林。东方之门位于苏州市的中心区域，也是国内首个开放创新综合试验区——苏州工业园区的核心位置，东临金鸡湖，南眺独墅湖，西瞰姑苏城，北望阳澄湖。苏州地铁1号线、

6号线在此交汇，拥有高级住宅、五星级酒店、公寓式酒店、高端写字楼、大型购物中心等多种业态，满足了市民工作、生活、社交、娱乐等多种需求。

东方之门建筑总高度301.8m，总用地面积24319m²，总建筑面积453142m²，地上总建筑面积336681m²，地下总建筑面积116461m²。塔楼地上最高分别为66层和60层，在高空采用拱式巨型桁架连成整体，突破了超高连体结构强连接抗震难题，是结构工程领域的一项创新。裙房为地上8层，建筑高50m。地下室共5层。裙房在6、7层处设有一条跨度超过60m的观光天桥，连接南北裙房。

工程于2006年8月28日开工建设，2017年3月21日竣工，总投资45亿元。

苏州东方之门全景图2

**1** 目前世界最高、体量最大的拱门式超高层建
筑，率先采用巨型钢桁架将两个非对称超高
独立塔楼进行刚性连接，突破了300米级超
高连体结构强连接抗震设计的难题。

**2** 采用软土地质条件下百米级、大直径、后注
浆、大承载力钻孔灌注桩，有效控制了非对
称高层塔楼不均匀沉降。

**3** 创新了复杂软土深基坑变形控制技术，实现
了与内嵌基坑中心地铁车站的同步建造，完
成当时单坑2.6万m²，挖深30.4m的基坑工程
创举。

**4** 研发出自重不大于18kN/m³的轻质、高强轻
集料混凝土，降低了超高塔楼的自重及侧向
变形。

**5** 研发出低水化热、低收缩混凝土制备及超厚
超大体积混凝土施工成套技术，实现超厚超
大体积混凝土一次连续浇筑。

**6** 采用超高建筑的整体自升钢平台脚手模板体
系成套建造装备技术，该体系具有整体性
强、承重能力大、安全性好、自动化程度高
的优势，实现了复杂核心筒结构高效快速
施工。

**7** 研发出高空悬臂结构临时支撑装置，荷载分
步施加的偏心结构位移控制工艺，形成大跨
超高空巨型拱门结构悬臂合拢施工技术，解
决了塔楼偏心受荷侧向变形控制困难的问
题，保障了双塔门式结构的协同工作。

苏州东方之门夜景图

1  "超大型复杂环境软土深基坑工程创新技术及其应用"获得2012年度
   上海市科学技术奖一等奖;

2  "超高大跨巨型门式结构施工技术及工程应用"获得2014年度上海市
   科学技术奖二等奖;

3  "超高结构轻集料混凝土研发及百米级泵送施工关键技术"获得2018
   年度上海市科学技术奖三等奖;

4  2019年度中国勘察设计协会行业优秀勘察设计奖"优秀建筑结构"
   一等奖、"优秀(公共)建筑设计"二等奖;

5  2019年度上海市勘察设计行业协会上海市优秀工程设计一等奖;

6  2013年度中国建筑金属结构协会中国钢结构金奖。

双塔合拢变形控制

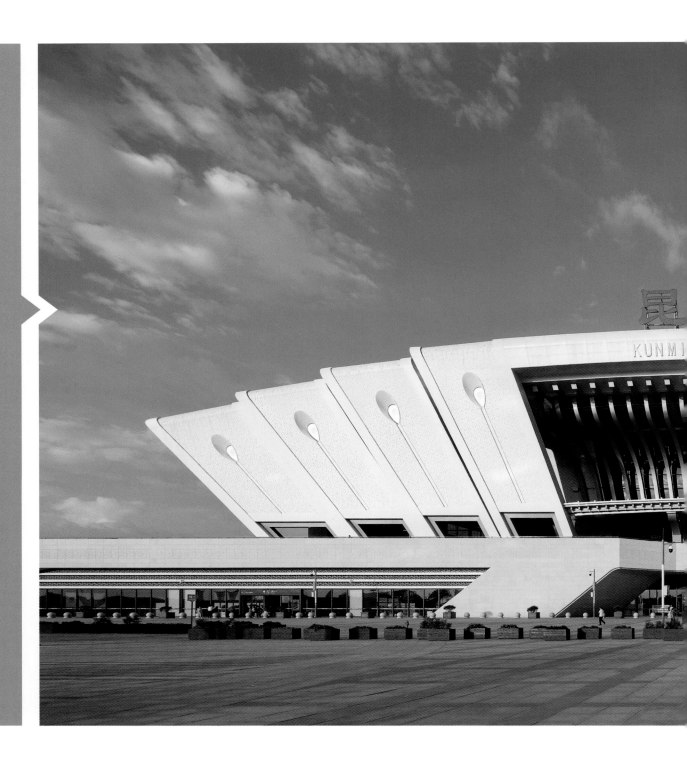

新建云桂铁路引入昆明枢纽昆明南站站房工程

推荐单位
中国铁道建筑集团有限公司

# 1 工程概况

　　该工程位于云南省昆明市呈贡区，是我国西南地区规模最大、抗震设防等级最高的国际性铁路客运综合交通枢纽。作为国家"八入滇、四出境"国际铁路通道的重要枢纽，是"一带一路"倡议中辐射南亚、东南亚的"桥头堡"，是"泛亚铁路第一站"。

　　该工程总建筑面积334736.5m²，设4个站场16站台30条到发线，其中站房面积119998.6m²，雨篷面积77148m²，出

西立面全景

站层换乘空间面积69998.1m²，线下空间、附属设施及构筑物面积67591.8m²，建筑总高度41.85m。站房南北长238m，东西宽430.5m。无站台柱雨篷南北长450m，东西宽349m。站房地下二层、地上二层，由下至上分别布置出站通道、设备用房、站台面、售票厅、办公用房和旅客候车厅等功能区域。

昆明南站投入使用后日均到发旅客6万～8万人次，单日最高14万人次，昆明到国内上海、成都、重庆等主要城市乘车时间缩短2/3以上，年到发旅客总量2000万人次。设计目标站房最高聚集人数12000人，预计2030年旅客到发量超9000万人次。

工程于2013年11月15日开工建设，2017年6月30日竣工，总投资39.81亿元。

# 2 科技创新与新技术应用

**1** 创新研究出强震带、厚砂层、岩溶地区桩基础施工技术。系统解决了该地质条件下65m深桩基础抗震性能下降和液化后承载力稳定不足难题。

**2** 国内首创大型高铁站房9度抗震设计、建造成套技术。发明大型十字钢骨柱转圆钢柱9度抗震转换节点、具有自恢复功能的悬吊索式抗震钢结构、平行双铰式大位移抗震雨篷梁式结构，系统地解决了地震高烈度区大跨度结构的抗震性难题，结构抗震9度设防创全国之最。

**3** 独创孔雀开屏状建筑空间复杂结构设计与施工技术。采用双向倾斜变截面钢柱吊装及抗震支座连接技术和大跨度弧梁上S形曲线钢柱施工技术，解决了空间钢结构复杂受力体系计算及精准安装难题，完美呈现雀舞春城的理念。

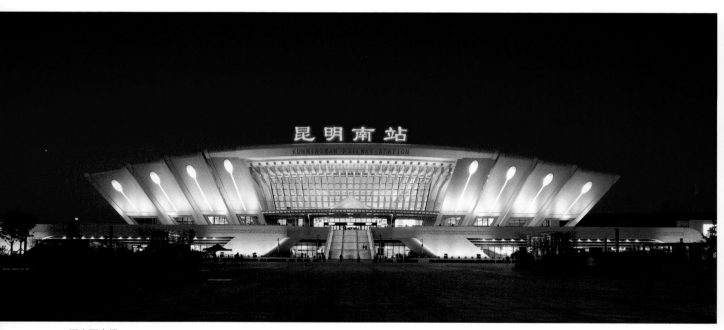

西立面夜景

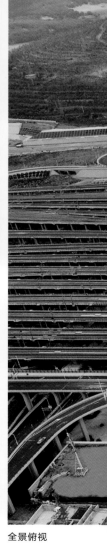

仿木构歇山顶棚

侧立面

全景俯视

4 国内首次开发大型复杂建筑全寿命期三维可视化结构健康远程实时监测系统。解决了高压复杂电磁场区信号干扰问题，实现实时、远程、无人监测，并形成健康监测技术行业标准。

5 国内首创大型高铁站房综合节能技术。开发智慧能源管理信息系统，实现了设备集中、智能控制、智能监测；创新研究了被动式节能设计技术，解决了集中空调系统高投入高能耗的难题。

6 首创人工智能AI技术的新型景观亮化设计施工综合技术。创新研发灯具四段自动寻址技术、空间染色及特制LED透镜滤光技术，解决了双倾斜羽毛雕花铝板幕墙凹凸管理照明及光晕的难题，实现了亮度、色彩灵活自动切换及移动端远程控制。

7 首次同步开展大型复杂"桥建合一"铁路站房车致振动频域仿真技术研究。通过研究列车运行对"桥建合一"铁路站房、承轨、候车等主要结构层的振动影响，在保证行车安全前提下优化承轨层减振途径和候车层隔振技术措施，提高站房使用舒适度。

8 首创室外"钢琴键盘"式超长悬挑吊顶安装成套技术。创新采用"地面预拼装、分段提升、高空对接"工艺，解决直线度和表面平整度控制难题。板面采用"钢琴键盘"式分隔，将功能与外观、传统与现代完美融合。

南高架外立面

综合控制中心

全景轴侧

"钢管柱组合实腹钢梁体系"雨篷

出站层清水混凝土柱

高架候车大厅

 获奖情况

**1** "桥建合一及功能可视化立体疏解客流铁路车站设计建造技术"获得2013年度国家科学技术进步奖二等奖；

**2** "复杂环境深基础工程施工关键技术"获得2017年度湖北省科技进步奖二等奖；2016年度中国施工企业管理协会科学技术奖科技创新成果一等奖；

**3** "建设工程绿色施工与安全监控信息化平台的研发与应用"获得2018年度湖北省科技进步奖二等奖；

**4** "昆明南站设计关键技术研究与应用"获得2018年度中国铁道学会铁道科技奖二等奖；

**5** 2017年度云南省住房和城乡建设厅优秀工程设计一等奖；

**6** 2017～2018年度中国建筑学会建筑设计奖"结构专业""暖通空调专业"二等奖；

**7** 2017～2018年度中国建筑业协会中国建设工程鲁班奖（国家优质工程）；

**8** 2017～2018年度北京市优质工程评审委员会北京市建筑长城杯金质奖；

**9** 2016年度北京市优质工程评审委员会北京市结构长城杯金质奖；

**10** 2017～2018年度国家铁路局铁路优质工程奖一等奖；

**11** 2017年度中国建筑金属结构协会第十二届第二批中国钢结构金奖。

珠海十字门中央商务区
会展商务组团一期工程

推荐单位
中国土木工程学会总工程师工作委员会

# 1 工程概况

该项目占地面积23.3万m²，总建筑面积70万m²，由6个单体建筑组成，共用2层地下室，建筑面积41万m²。工程外观新颖、结构合理、功能丰富，应用绿色建造技术，是国内一次性建成且拥有最大规模地下空间的海滨会展商务城市综合体，是珠江西岸首个中国建筑新地标，是粤港澳大湾区合作重要平台和澳门产业多元服务基地。

　　包含：单厅面积为3万m²无柱式展厅；座位数1200个的剧院厅、座位数800个的音乐厅和42个多功能厅和会议室的会议中心；460间客房的公寓；550间客房的酒店和330m高标志性塔楼及1.5km长的城市绸带商业建筑6个单体。

　　工程于2010年6月28日开工建设，2017年12月28日竣工，总投资75亿元。

# 2 科技创新与新技术应用

1 首次提出补偿基础差异沉降法。连续施工一次性建成国内外拥有最大规模地下空间的会展商务城市综合体，为类似工程地下空间施工提供借鉴。

2 首次在会展中心工程中应用了格构柱+拉索作为屋盖的主要支撑体系，开创了该类超大型复杂结构设计先例。

3 国内首次利用结构柱作为提升支点实现大跨度钢结构整体提升技术，推动了我国液压整体提升技术发展。

4 开发了国内最大的通用球形反力架，通过对超出规范规定的四类多管相贯节点试验研究，提出了合理的计算分析理论和方法。

5 国内首次应用带伸臂桁架的复杂空间曲面倾斜剪力墙核心筒建造技术。

6 研发了国内最大直径、连续精准成型的新型数控圆管空间冷弯装备。

7 国内首创重载大跨度钢-混凝土新型组合梁的新型结构体系，实现了重载作用下大跨度组合梁的优化配置，降低工程造价20%以上，填补了国内在该领域的空白。

8 国内首次创新应用重载特大跨空间转换钢桁架数字建造技术，实现高效精确建造。

9 首次利用拓扑学+仿生学。分析最佳传力路线，解决了超大异型复杂廊式结构设计难题。

会议中心工程

公寓式酒店工程

项目南立面

城市绸带工程

标志性塔楼工程

项目夜景

喜来登酒店工程

国际展览中心工程

🏆 获奖情况

1 2011年度美国绿色建筑委员会LEED
  金级认证；

2 2014年度住房和城乡建设部建筑新
  技术应用示范工程；

3 "中央商务区建设关键技术研究与应
  用"获得2019年度广东省土木建筑
  学会科学技术奖一等奖；

4 "超高层建筑主体结构施工技术研究
  与应用"获得2017年度中国施工企
  业管理协会科学技术奖科技创新成果
  二等奖；

5 2017年度中国勘察设计协会全国优
  秀工程勘察设计行业奖"优秀建筑工
  程设计"二等奖；

6 2017年度广东省工程勘察设计行业
  协会广东省优秀工程设计奖二等奖、
  广东省科技创新专项二等奖；

7 2016年度中国建筑学会建筑设计奖
  "优秀建筑结构设计"二等奖；

8 2014～2015年度中国建筑业协会中
  国建设工程鲁班奖（国家优质工程）；

9 2015～2016年度中国施工企业管理
  协会国家优质工程奖；

10 2018年度广东省建筑业协会广东省
   建设工程金匠奖、广东省建设工程优
   质奖；

11 2014年度中国建筑金属结构协会中
   国钢结构金奖。

苏州工业园区体育中心（体育场、游泳馆）

推荐单位
江苏省土木建筑学会

# 1 工程概况

　　该工程包括一场两馆一中心，总建筑面积38.6万m²，由45000座体育场、13000座体育馆、3000座游泳馆、配套服务楼、中央车库及室外训练场等组成，是苏南规模最大的多功能综合性甲级体育中心。以"园林叠石"为创意理念，将建筑物巧妙融入自然景观，轻盈优雅、舒缓工巧，具有鲜明的地标性，是国内首个全开放式生态体育公园。

全景夜景图

体育场地上四层，建筑面积9.1万m²，建筑高度54m，最大跨度260m，屋盖采用外倾V形钢柱+马鞍形压环梁+轮辐式单层索网+膜结构屋面结构体系，为国内最大、世界第二大跨度的单层索网屋盖结构。游泳馆地上四层，建筑面积5.0万m²，建筑高度34m，最大跨度110m，屋盖采用外倾V形钢柱+马鞍形压环梁+正交索网+直立锁边刚性金属屋面结

构体系，为国内首次采用柔性索网上覆刚性直立锁边金属屋面。体育场屋盖索网用钢量9.7kg/m²，游泳馆屋盖索网用钢量10.7kg/m²。

工程于2015年3月27日开工建设，2018年3月21日竣工，总投资50.8亿元。

1　国内最大跨度的马鞍形大开孔轮辐式单层索网结构，国内首次将直立锁边金属屋面设置在单层正交索网结构体系上，填补了国内超大跨度单层索网结构空白。

2　实现了"轻、薄、透"建筑效果，推动了我国大跨空间结构向更加轻薄通透方向发展，使我国单层索网结构设计与施工关键技术达到国际领先水平。

3　研究形成了"外倾V形柱+马鞍形外压环+单层索网"结构体系。提出了适用于体育场建筑的"马鞍形大开孔轮辐式单层索网"结构。发明了V形柱脚单向和面内滑动的特种关节轴承构造，提出柱顶临时设缝减力措施和基于改进遗传算法的结构形态优化分析方法。

4　对高腐蚀高应力状态下密封索的防腐蚀性能进行试验研究和数值分析，预测了拉索寿命，为索网结构在游泳馆等高腐蚀环境下的应用提供依据。

5　研究了适于高效建造的新型索夹节点形式。首次采用钢板和铸钢件组合式环索索夹节点、可调式法兰连接索端锚固节点、适用于施工中依次夹紧双向拉索的索夹节点。发明了张力条件下考虑时间效应，并同步监控高强度螺栓紧固力的拉索-索夹组装件抗滑移承载力试验方法，提出索夹抗滑承载力计算公式。

6　创新直立锁边刚性屋面、马道设计，以放为主，设置大量滑动、转动连接以释放索变形不利影响，适应单层索网主体结构大变形。

7　发明双向单层正交索网结构无支架高空溜索施工技术，提出轮辐式单层索网结构的整体提升、分批逐步锚固施工技术，提出柔性索网结构刚性屋面的配重施工技术，单层索网结构成型后实测数据与数值模拟分析相比最大差值17mm，精度达到国际领先水平。

8　发明了基于非线性动力有限元的索杆系静力平衡态找形分析方法，提出基于正算法的索网结构零状态找形迭代分析方法，提出索力、索长和外联节点坐标随机误差组合影响分析方法。

9　创新采用关节轴承安装限位控制方法和外压环梁高精度安装、合拢方法及高空作业安全保障技术措施，实现压环梁与索头连接销轴孔中心关键节点20mm以内高精度成型的安装精度，高精度成型控制技术达到国际领先水平。

体育场东立面

体育场内场

体育场看台背面

体育场膜屋面

体育场外景1

体育场外景2

游泳馆看台背面

游泳馆外立面

1　2019年度StadiumDB全球最佳体育场;

2　2019年度美国绿色建筑委员会LEED金级认证;

3　"260m跨单层索膜屋面场馆设计施工综合技术"获得2018年度江苏省土木建筑学会土木建筑科技奖一等奖;

4　"双向单层索网结构无支架高空溜索施工方法"获得2019年度中国钢结构协会空间结构分会空间结构奖技术创新奖;

5　2019年度住房和城乡建设部绿色施工科技示范工程;

6　2019年度江苏省住房和城乡建设厅建筑业新技术应用示范工程;

7　2018年度上海市勘察设计行业协会上海市优秀设计工程;

8　2018~2019年度中国建筑业协会中国建设工程鲁班奖(国家优质工程);

9　2019年度江苏省住房和城乡建设厅江苏省优质工程奖"扬子杯";

10　2019年度中国建筑金属结构协会第十三届第一批中国钢结构金奖。

游泳馆俯瞰

游泳馆泳池大厅

# 曲江·万众国际

推荐单位
陕西省土木建筑学会

# 1 工程概况

　　曲江·万众国际坐落于西安市曲江新区，是陕西省建设"国家中心城市"、创建"丝绸之路经济带"、打造国际化大都市的重点项目之一。

　　项目依坡而建，总建筑面积30.6万m²，建筑高度91.7m，地下3层，地上27层，安装系统齐全，功能完善，建安造价35亿元；由两座甲级办公楼、一座超五星级酒店及下沉式商业群组成的大型城市综合体。

万众国际全景

本项目提升了西安国际化大都市新形象，已成为引领西安新时尚地标性建筑。先后承办了"世界西商大会""西安年·最中国"新春盛典和"丝绸之路国际电影节"等大型活动，获得国内外众多媒体关注及好评。

项目于2013年1月开工建设，2018年5月竣工，总投资35亿元。

# 2 科技创新与新技术应用

1 建筑群整体形态近似"山峰"，合理利用原有坡地形，采用退台切削、环岛布置设计手法，体现关中传统建筑"房子半边盖、四水归堂"的地域文化，与毗邻曲江池古遗址公园遥相呼应。

2 建筑群借鉴烟囱效应，采用环形布局，形成良好空气对流，结合下沉式庭院、种植屋面、单元式生态幕墙，有效降低建筑能耗，绿色节能环保。

3 230m超长混凝土结构无缝设计，合理设置加强带、后浇带，并在混凝土中掺入高性能纤维膨胀抗裂剂，确保结构安全稳定。

4 机电安装设计功能齐全，布局合理，专用夹层集中布置设备，空调系统竖向布置，有效提升了空间利用率，降低设备运转噪声影响，便于集中管理和维修。

5 在西北地区率先应用预应力锚索后压浆技术，满足设计强度同时有效缩短锚索长度。

6 探索实施高边坡部位地下室外墙与支护结构之间空腔+永久支护构造施工技术，消除高边坡对建筑产生的水平附加应力。

7 研发狭小空间屋面重型钢桁架分段二次变向滑移施工技术，智能同步控制，精准安装就位。

8 研发超大多幅动态水晶灯安装技术和吊灯轨道机械臂无线充电技术，实现了灯具供电和动态旋转，填补了国内外同类产品的空白。

9 外立面亮化采用多重LED联动控制技术智能调控系统，提取LED灯光分层及错位控制，虚实结合的光影使外立面幕墙的图形变化富有层次感和立体感。

10 建筑智能化应用程度高，广泛应用先进的消防、安保、建筑设备监控系统等多项智能控制系统，提高项目安保功能和运维水平。

酒店全景

整体夜景

A、B座办公楼全景

酒店夜景

# 上海世博会博物馆

推荐单位
上海市住房和城乡建设管理委员会
科学技术委员会

## **1** 工程概况

上海世博会博物馆是全球唯一的世博会专题博物馆，由上海市政府与国际展览局合作共建。作为国际展览局的官方博物馆和档案中心，是一座集展陈、文献中心、4D影厅、云体验中心为一体的国际性博物馆，收藏了2010年上海世博会的珍贵展品，同时集中展示了160年来历届世博会的盛况。

工程地处上海市浦西世博园区，总建筑面积46550m²，地上5层，地下1层，建筑高度34.8m，结构形式主要由钢框架结构、空间网架结构组成。工程由中国设计师原创设计，

以大角度、折线形的米色砂岩和铜铝复合板幕墙组成"历史河谷",唤起世博会160年的历史记忆;中间通透升腾的异型曲面玻璃体——"欢庆之云",恰似上海世博会的精彩在瞬间绽放;两大意象的叠合,寓意世博文化的过去和未来在这里交织与碰撞,同时记载了上海世博会的建筑元素。

工程于2013年12月30日开工建设,2017年3月30日竣工,总投资5亿元。

## 2 科技创新与新技术应用

**1** "欢庆之云"空间异型网壳结构,创新采用了3个结构拱互相连接,共同支撑上部的云厅平台,形成一个完全自承重结构。结构体系设计新颖独特,经济合理。

**2** 针对复杂异型钢结构抗震设计,创新提出了延性桁架抗弯框架的概念,并采用屈曲约束支撑、软钢阻尼器、桁架下弦耗能构件等多种消能减震技术,解决了复杂空间结构的抗震性能设计难题。

**3** 创新提出空间异型网壳结构的共线相贯连接方法,将传统的杆件与铸钢件连接,部分优化为脊柱与环梁连接,使铸钢件数量下降70%,避免了铸钢件节点需逐一开模的缺陷和风险,节约施工工期约90d。

**4** 自主研发了2100t多点异形曲面液压成型设备、5轴机器人轨迹控制系统和杆件校位器等,并基于参数化3D模型,解决了异面曲线构件的加工制作难题。

**5** 针对自由曲面幕墙设计施工难题,创新采用销轴式防脱自适应连接件,实现了云幕墙表面的平滑过渡;通过7种基础板型组合和插接式榫卯连接构造,实现了铜铝板幕墙的全随机拼接效果。

**6** 作为上海市第一个建筑全生命期应用BIM的试点工程,本工程在设计、施工、运维阶段均全面使用BIM技术,通过智慧建造平台和运维管理平台,实现了工程的数字建造和智慧运维。

**7** 在自然环境模拟分析的基础上,通过优化建筑流线、外立面材质以及屋顶绿化的设置,同时应用了采光补偿技术、保温隔热技术等,打造出一座节能环保、环境友好的绿色三星建筑。

世博会博物馆与卢浦大桥遥相辉映

傍晚时分的世博会博物馆

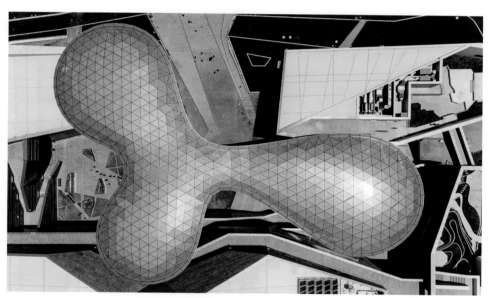

欢庆之云俯视图

欢庆之云

获奖情况

1 2018年度欧洲A′Design Award年度设计银奖；

2 "基于BIM的复杂项目集成建设管理关键技术及应用"获得2017年度上海市科技进步奖二等奖；

3 "大型复杂钢结构数字化建造关键技术及装备"获得2016年度中国钢结构协会科学技术奖一等奖；

4 2018年度住房和城乡建设部绿色施工科技示范工程；

5 2019年度上海市勘察设计行业协会上海市优秀工程设计一等奖；

6 2018年度上海市建筑施工行业协会上海市建设工程"白玉兰"奖（市优质工程）。

# 1 工程概况

工程位于北京市中关村环保科技示范园，总建筑面积23.65万m²。主体建筑以"国之玉玺"为设计理念，取意"既寿永昌"之"寿"。由数据中心、研发中心、培训中心组成，是一座集群式空间布局、开放式资源共享，依靠云技术支撑国家实体经济发展的科技园区。作为地下数据中心建筑群，在世界范围内建筑面积最大、安全可靠性最高、绿色建造技术应用最为全面。

全景

培训中心：建筑面积56706m²，建筑高度18m，地下4层，地上5层。设有各规模培训教室14间、住宿房间298间及可容纳500人的多功能厅。

研发中心：建筑面积59726m²，建筑高度18m，地下3层，地上4层。设计有2113个工位，31间会议室及辅助用房，494个停车位。地下部分设有员工餐厅，能同时容纳3000人用餐。

数据中心：建筑面积120077m²，建筑高度18m，地下3层，地上4层。工程引入国际领先的数据中心设计理念，是国内首例T4标准超大地下单体数据中心，计算机机房采用灵活性的模块化设计建造；总控中心实现集中运维管理和机房环境、关键设施的集中监控智能管理。

工程于2010年11月1日开工建设，2016年5月30日竣工，总投资30亿元。

## 2 科技创新与新技术应用

**1** 该工程承载了国家社保信息数据库的重要职能，肩负容灾储备、应急响应的国家使命，成为国计民生之坚固基石。在我国脱贫攻坚、抗击新冠肺炎疫情等重要战役中发挥极大作用，具有极其重要的战略意义。

**2** 本工程自主研发应用6项国际国内领先技术：

（1）按国际最高T4标准创新设计了最大地下单体数据中心，首次实现5级人防数据机房，综合能源利用率PUE值小于1.6，达到国际顶级数据中心水平。

（2）首创大型蓄冷库与混凝土主体结构"双体合一"及三重精细布水技术，开创了该类超大型蓄冷库施工建造先例。

（3）针对承压重型设备的下凹式屋面，首创隔振浮筑屋面技术与室外墙面保温、吸声和防水一体化构造体系，并率先实现了在建筑隔离技术中的应用。

（4）针对超高超重遮阳幕墙，首次研发应用外檐集群式智能旋转系统，填补了该项产品在国内应用的空白。

（5）工程秉承低碳环保的超现代化国际绿色建筑设计理念，研发并集成了新型主被动结合绿色建筑机电系统等多项低耗环保技术。解决了建筑多参数采集、太阳能相变蓄热供暖等关键技术难题。

（6）工程全面应用智能建造技术，实现配电系统分布冗余以及暖通系统2N配置，完成数字交付。

数据中心全景图

地下管廊

超高超重旋转玻璃遮阳百叶

总控中心

数据机房

🏆 获奖情况

1　2018年度美国绿色建筑委员会LEED铂金级认证；

2　"复杂环境深基坑工程施工关键技术"获得2016年度中国施工企业管理协会科学技术奖科技创新成果一等奖；

3　"建筑结构工程颗粒阻尼减震技术研究与应用"获得2016年度中国施工企业管理协会科学技术奖科技创新成果二等奖；

4　"超大型旋转玻璃遮阳百叶制作与安装施工技术"获得2015年度中国施工企业管理协会科学技术奖科技创新成果二等奖；

5　"塔机运行安全监控及现场工程管理系统集成产品的研发""机电系统功能提升及装配化施工技术研究"获得2014年度中国施工企业管理协会科学技术奖科技创新成果二等奖；

6　"深基坑工程影响域内灾变模式研究及远程实时成套监控技术研发""纳米海绵新型净水材料的研究与应用""大型建筑企业节能减排技术研究与应用"获得2013年度中国施工企业管理协会科学技术奖科技创新成果二等奖；

7　"基坑工程变形监测新方法与关键技术"获得2012年度中国施工企业管理协会科学技术奖科技创新成果二等奖；

8　2018年度中国建筑学会建筑设计奖"电气设计专业""给水排水专业""暖通空调专业"三项一等奖；

9　2016～2017年度中国建筑业协会中国建设工程鲁班奖（国家优质工程）；

10　2011～2012年度北京市优质工程评审委员会结构长城杯金质奖工程；

11　2017～2018年度北京市优质工程评审委员会建筑长城杯金质奖工程。

重庆至贵阳铁路扩能改造工程
新白沙沱长江大桥及相关工程站前工程

推荐单位
重庆市土木建筑学会

# 1 工程概况

　　新白沙沱长江大桥是渝贵客车线、渝贵货车线引入重庆枢纽和远期渝湘客车线的重要过江通道。

　　主桥为（81+162+432+162+81）m双层钢桁梁斜拉桥，主跨432m，上层为时速200km的四线客运专线铁路，下层为时速120km的双线货车线。大桥两片主桁承受六线铁路，桁宽24.5m，上层桥面采用正交异性钢桥面板，下层桥面采用连续纵横梁+混凝土板组合体系。

新白沙沱长江大桥全景图

新白沙沱长江大桥主桥是世界上首座跨度最大、荷载最重的六线双层铁路钢桁梁斜拉桥。大桥集"六线、双层、双桁"特点于一体，是现代大跨度铁路斜拉桥新型结构的集中体现。

工程于2013年1月开工建设，2018年1月竣工，总投资约20.7亿元。

# 2 科技创新与新技术应用

1. 首次明确六线铁路桥梁设计关键技术指标：研究并建立了六线双层铁路桥梁结构疲劳与强度、结构刚度及预拱度设计方法，提出疲劳和强度多线系数以及其他量化指标；研究并建立了六线双层铁路桥风-车-桥耦合振动计算方法，提出列车多工况运行情况下的行车控制准则。

2. 首创六线双层双桁新结构和设计方法：采用六线双层铁路桥新型桁架结构，提高钢桁梁的利用率，实现了高效节能；建立了纵横梁桥面系纵梁连续结构，增强结构整体性，提高行车舒适性；研发了1800t双索式斜拉索锚固构造，解决世界最大单点索力传递与锚固难题。

3. 形成多约束条件六线铁路钢桁梁施工成套技术：研发了吊挂式拖拉锚座装置，解决了钢梁往复顶推过程中杆件高强度螺栓摩擦面保护难题；首次提出单侧墩旁托架架梁技术，解决墩顶节段边跨侧架设难题。

4. 创新水下基础施工技术：研发了临近运营铁路桥梁的水下岩石基础施工关键技术；采用通用性临时结构，实现同一结构具备多种功能；研究了多工序并行交叉快速施工技术，显著节省工期。

5. 信息化技术的综合应用：率先在国内将 BIM 技术应用于特大型桥梁的施工中，集成设计、制造、施工、监控等信息，形成施工 4D-BIM模型，实现桥梁设计、施工、运维阶段的 BIM 集成应用。

6. 建成世界首座双层六线铁路桥：项目成果的成功应用，实现铁路大跨桥梁由四线到六线的重大突破，其成果国际领先，并纳入相关规范，且节约投资1.8亿。其技术成果在重庆枢纽等铁路和宜昌香溪河等公路项目中得到推广应用，社会、经济效益显著，对引领桥梁建设技术进步具有重要意义。

新白沙沱长江大桥侧面全景图

新白沙沱长江大桥全景图

新白沙沱长江大桥航拍全景图

钢梁架设

跨既有线顶推施工

主桥钢梁合龙

新桥、老桥并驾齐驱

# 昆山市江浦路吴淞江大桥整体顶升改造工程

推荐单位
中国土木工程学会桥梁及结构工程分会

## 1 工程概况

昆山市江浦路吴淞江大桥顶升改造工程是苏申内港线航道整治的重要改造工程,大桥位于江苏省昆山市江浦路跨吴淞江河跨处。

江浦路吴淞江跨径布置为(8×22+2×101+8×22)m,桥梁总长554m。主桥采用两跨变截面斜拉桥结构,计算跨径101m+101m,桥梁总宽33m。桥塔布置于中央分隔带,高42.09m,与主梁和桥墩固结。主梁采用变截面箱梁,桥塔处梁高5m,跨中处梁高3m。主墩采用三柱式墩,墩高7.7m,墩身为空腔薄壁墩,薄壁厚1.1m,采用直径1500mm

的钻孔灌注桩基础。两侧引桥采用上、下行独立分幅的预应力简支板梁结构，单幅桥墩为双柱式墩，采用直径800mm的钻孔灌注桩基础。

根据航道整治规划的要求，江浦路吴淞江大桥现状通航尺度不满足整治后的三级航道通航净空尺度要求，需要抬高老桥标高，对老桥进行顶升改造。本次改造桥梁提升高度为1.87m。由于桥梁整体顶升抬高，为了降低桥台填土高度和周边协调，每侧引桥增加两跨。每侧引桥由现状的8跨调整为10跨。由于增加桥跨，桥台需改造为桥墩，同时结合现场

调查情况，桥台处桥下主梁有被焚烧痕迹，所以拆除每侧的桥台处桥跨，每侧新建引桥3跨。

该工程研发了斜拉桥整体同步顶升技术，创造性地将塔墩型钢混凝土抬梁托换技术运用于桥梁顶升工程，是世界最大重量的顶升桥梁工程。

工程于2017年5月开工建设，2018年9月竣工，总投资3.58亿元。

## 2 科技创新与新技术应用

1. 创造性地提出塔梁墩固结体系斜拉桥顶升方法，完成了国际首例塔梁墩固结体系斜拉桥的整体同步顶升工程，填补了国内外在斜拉桥整体同步顶升技术方面的空白。

2. 首次研发了塔墩型钢混凝土抬梁托换和接高技术，有效地解决了塔梁墩固结体系斜拉桥顶升传力结构布置的难题。

3. 研发了大吨位桥梁同步顶升成套装备，采用大吨位机械跟随保护千斤顶、自锁液压顶、大流量液压同步控制系统，显著提高了斜拉桥整体同步顶升的精度和安全。

4. 研发了墩柱接高技术，针对主墩墩柱接高的复杂性，对新型组合钢木组合模板技术、大体积混凝土浇筑技术、墩柱接高后加粗技术展开了研究，有效解决了墩柱对接钢筋的接长方式、模板的安全布置及大体积混凝土浇筑的密实性等施工难题。

**夕阳下的吴淞江大桥**

**5** 提出了同步顶升内力和位移的双控误差指标，实现了同步顶升位移单次最大误差1.0mm、累计不超过5.0mm的高精度。

**6** 研究成果近年来已成功推广应用于全国多地的内河航道整治工程（如南河特大桥顶升改造工程、通扬线九圩港船闸及通江连接线段调坡顶升工程等）、城市高架桥因规划改造采取的整体调坡顶升工程（如上海市济阳路（卢浦大桥–闵行区界）快速化改建工程1标桥梁顶升工程、泰州市231省道海姜大道至启扬高速快速化改造东环高架桥箱梁顶升工程、盐城市亭湖区青年路高架桥顶升工程等）。该工程桥梁整体顶升关键技术的推广应用，现阶段已为各航道局累计节约总投资达11.686亿元，该项目研究成果若在全国大范围推广应用将产生上百亿的经济效益。

 获奖情况

1 "塔梁墩固结体系斜拉桥整体顶升关键技术"获得2019年度江苏省综合交通运输学会科学技术奖一等奖；

2 2019年度苏州市住房和城乡建设局苏州市"姑苏杯"优质工程奖。

抬梁吊装

抬梁运输及安装

# 矮寨大桥

推荐单位

中国土木工程学会桥梁及结构工程分会

# 1 工程概况

矮寨大桥位于湖南省吉首市矮寨镇，是国家高速公路网长沙至重庆高速公路（吉首至茶洞段）的控制性工程。大桥西起坡头隧道，上跨德夯大峡谷，东至矮寨三号隧道，线路全长1779m。

主桥全长1414m，主跨采用1176m的单跨简支钢桁梁悬索桥。桥面宽度为24.5m，距谷底高度为355m，桥面为双向四车道高速公路，设计速度80km/h。钢桁加劲梁长

全景

1000.5m，桁高7.5m，桁宽27m，小节间长度7.25m，大节间长度14.5m。吉首岸塔高123m；茶洞岸塔高66m，其底面距隧道顶部距离约44m。主缆横桥向间距为27m，矢跨比为1/9.6，采用（242+1176+116）m跨径布置，单根主缆长度1637.807m，单束索股由91丝直径5.1mm钢丝组成，索股束数为234束。吉首岸锚碇锚体长度25m，水平交角42.5°，茶洞岸锚碇水平交角38°，锚体长度45m。

矮寨大桥建设过程中取得的创新技术成果解决了山区大跨度悬索桥设计与施工的诸多难题，有力地推动了山区桥梁技术发展。矮寨大桥建成时为世界上跨度最大的山区桥梁。

工程于2007年10月开工建设，2019年6月竣工，工程投资12.83亿元。

夜景

第十八届中国土木工程詹天佑奖获奖工程集锦

# 2 科技创新与新技术应用

**1** 首创了塔-梁分离式悬索桥新结构，实现了结构与自然完美融合。为山区桥梁建设提供了一种极具竞争力的桥型布置方案。

**2** 研发了应用"CFRP-RPC"新材料的高性能岩锚体系，解决了传统岩锚埋深大和耐久性差的问题，攻克了大吨位碳纤维索锚固的难题。

**3** 开发了结构与山体系统稳定技术，对茶洞岸山体应力和变形进行了理论分析和施工期全过程实时监测，论证了山体在复杂受力状态下的稳定性。

**4** 首创了"轨索滑移法"悬索桥主梁架设新工艺，研制了"轨索滑移法"悬索桥主梁架设新装备，解决了山区悬索桥主梁架设难题，被世界公认为悬索桥主梁架设的第4种方法。

**5** 开发了悬索式现场风观测新装备，解决了复杂峡谷风场的现场观测难题，确保了新装备的测试精度。

**6** 该项目成果解决了山区大跨度悬索桥设计与施工的诸多难题，有力地推动了山区桥梁技术发展。项目成果还成功应用于虎跳峡金沙江大桥与绿汁江大桥等工程。矮寨大桥比邻"精准扶贫"的首倡地十八洞村，大桥凭借其卓越的影响力，每年为当地增加旅游收益5000余万元，是践行精准扶贫典范工程。

日景

航拍

塔-梁分离式悬索桥新结构（茶洞岸）

轨索滑移法总体示意

钢桁梁架设现场

岩锚吊索总体

1 2015年度国际道路联盟（IRF）国际道路成就奖；

2 "山区大跨度悬索桥设计与施工技术创新及应用"获得2017年度国家科学技术进步奖二等奖；

3 "大跨度悬索桥加劲梁'轨索滑移法'架设新技术"获得2012年度湖南省技术发明奖一等奖；

4 "易失稳地层大跨隧道围岩破坏机制与防控关键技术"获得2019年度湖南省科学技术进步奖二等奖；

5 "吉茶高速公路特殊桥隧铺装关键技术"获得2013年度湖南省科学技术进步奖三等奖；

6 "矮寨大桥关键技术研究"获得2013年度中国公路学会科学技术奖特等奖；

7 "矮寨大桥结构健康监测系统关键技术研究"获得2017年度中国公路学会科学技术奖二等奖；

8 2013年度湖南省住房和城乡建设厅湖南省优秀工程设计一等奖；

9 2014年度中国公路勘察设计协会公路交通优秀勘察一等奖；

10 2018～2019年度中国建筑业协会中国建设工程鲁班奖（国家优质工程）；

11 2016～2017年度中国公路建设行业协会李春奖（交通运输部公路交通优质工程奖）；

12 2012年度湖南省建筑业协会湖南省优质工程；

13 2013年度湖南省建筑业协会湖南省建设工程芙蓉奖。

新建西安至成都铁路西安至江油段

推荐单位
中国铁道工程建设协会

# 1 工程概况

　　新建西安至成都铁路西安至江油段是国家中长期铁路网规划"八纵八横"的重要组成，本线位于陕西省南部和四川省中北部地区，行经秦巴山地，连接关中平原、汉中盆地和成都平原，地质条件极为复杂，是首条穿越秦巴山区、同时也是国内已建最具山区特点的高标准现代化铁路。西安至江油段线路设计速度目标值250km/h，正线全长508.8km，其中陕西省境内342.9km、四川省境内165.9km。正线设特大、大、中桥170.316km/125座，隧道285.7km/70座，路

西成高铁穿行秦岭山脉

基56.01km，桥隧占线路总长的89%。陕西段新建车站8处，引入既有站2处，西安枢纽内设跨线联络线通西安站；四川段新建车站4座，改建既有站1座。

线路穿越我国地理上最重要的南北分界线秦岭和米仓山，地形地质条件复杂，仅10km以上特长隧道就有10座，隧道群规模为全国之最，尤其秦岭山区山体厚、高差大、生态敏感度高，挤压性、岩爆、高瓦斯等不良地质居多且岩性变化频繁，同时与地方道路、高速公路及铁路等高频交叉，

跨沟跨河的高墩和大跨等特殊结构多、安全风险高、施工难度大。

项目始终围绕"适用、经济、绿色、美观"目标，贯彻生态环保选线设计理念、设计与施工关键技术、新工艺及信息化手段创新，体现了我国同期高速铁路建设的高水平。

工程于2012年12月开工建设，2017年11月竣工，总投资648.65亿元。

## 2 科技创新与新技术应用

1. 选线方案优秀，解决了复杂山区选线难，使基础设施更加优化。线路穿越我国地理上最重要的南北分界线秦岭以及米仓山，地形地质条件复杂，隧道群规模为全国之最。经优化选线缩短了多座隧道的长度，有效降低了工程难度。

2. 工程与自然和谐，国内外首次设计长45km、25‰坡度连续长大坡道，短直穿越秦岭山区和绕避秦岭"四宝"野生动物家园核心保护区，形成生态保护区铁路选线建设技术。高铁首次针对朱鹮设置防护网，实现了高铁与国家特有物种的和谐共处。

3. 隧道救援新模式，行业中首次提出疏散定点布置（救援站），增加人员安全疏散时间、极大提高防灾救援安全性，入编《铁路隧道防灾疏散救援工程细部设计》并在全路推广。

4. 艰险山区、复杂地质条件、桥隧相连施工新技术。隧道群规模为全国之最，挤压性、岩爆、高瓦斯等不良地质居多且岩性变化频繁，形成艰险山区桥梁综合建造关键技术，极大提升极复杂环境下施工工效；创新长大复杂地质隧道围岩设计及支护技术体系和桥隧连接新结构，保障了艰险山区复杂地质隧道密集群施工及运营安全。

5. 创新车站与正线分离的山区铁路车站新模式。青川车站形成了一站三洞的奇特景观，也是目前全国铁路唯一采用车站与正线分离布置的车站。

6. 首次创新采用单孔大跨度钢桁梁建造技术。同时与地方道路、高速公路及铁路等高频交叉，高墩、大跨等特殊结构较多，安全风险高、施工难度大。采用单孔大跨度钢桁梁建造技术，解决了高速铁路同时跨越既有运营高铁及高速公路技术难题。

7. 研发了高速铁路高性能混凝土成套技术，攻克了高铁高性能混凝土设计理论、制备与应用关键技术瓶颈。

8. 全路率先在西成客运专线应用工地拌合站及试验室智能质量管控系统、检验批资料电子签名、隧道监控量测变形预警系统，加强质量和安全的源头控制，实现项目建设管理的标准化、精细化、自动化。

9. 四电工程创新在信号室内分层式线缆桥架布线、研发光电缆自动敷设作业车、牵引变电所低压配电系统电能质量综合治理装置等，提高工艺质量及工效。

西成客运专线跨西宝客运专线特大桥1-132m钢桁梁

西成客运专线跨西宝客运专线特大桥1-132m钢桁梁

西成客运专线汉江特大桥

西成客运专线青川车站（一站三洞）

西成客运专线溢水河特大桥朱鹮防护网

西成客运专线湟水河特大桥

西成客运专线雍家西沟大桥朱鹮防护网

西成客运专线南郑特大桥

 获奖情况

1 "长大深埋挤压性围岩铁路隧道设计施工关键技术及应用""高速铁路高性能混凝土成套技术与工程应用"分别获得2019年度国家科技进步奖二等奖;

2 "大断面软弱围岩隧道开挖方法和变形控制技术""穿越秦岭天华山国家自然保护区高地应力富水特长隧道施工综合技术研究"分别获得2016年度、获2018年度山西省科技进步三等奖;

3 "铁路工地拌合站及试验室智能质量管控系统"获得2016年度中国铁道学会铁道科技奖一等奖;

4 "铁路隧道监控量测变形预警技术与应用"获得2015年度中国铁道学会铁道科技奖二等奖;

5 "新建铁路西安至成都客运专线朱鹮防护措施"获得2018年度中国铁道学会铁道科技奖三等奖;

6 "复杂山区客运专线高架道岔桥合理结构形式及其控制参数研究"获得2015年度中国施工企业管理协会科学技术奖科技创新成果一等奖;

7 "高架桥区间救援逃生结构构造及其设备研究"获得2014年度中国施工企业管理协会科学技术奖科技创新成果二等奖;

8 2019年度中国勘察设计协会行业优秀勘察设计奖"优秀工程勘察与岩土工程"一等奖;

9 2018～2019年度中国施工企业管理协会国家优质工程奖;

10 2017～2018年度国家铁路局铁路优质工程二等奖;

11 2020年度山西省土木建筑学会第十五届"太行杯"土木建筑工程大奖。

新建宝鸡至兰州铁路客运专线

推荐单位
中国铁道工程建设协会

# 1 工程概况

　　新建宝鸡至兰州铁路客运专线是国家《中长期铁路网规划》"八纵八横"高速铁路主通道之"陆桥通道"的重要组成部分。线路正线长度400.62km，特大桥及大中桥100.914km/30座，隧道272.207km/71座，桥隧总长占线路长度93.13%，是当时桥隧比例最高的客运专线；新设8座车站，其中兰州西站是西北地区最大规模的现代化铁路客运站。

三阳川渭河2号特大桥

　　宝兰客运专线是我国在黄土高原沟壑梁卯区修建的第一条高速铁路。所经区域黄土湿陷性（尤其是自重湿陷性）最强、黄土陷穴最发育、黄土高原地区滑坡地质灾害最严重和发育最密集，沿天水—兰州的渭河地震带活动频率高、强度大，形成了独特的"四最一强"的工程地质特色。工程建设极具挑战。

　　宝兰高铁的建成彻底打通了中国横贯东西丝路高铁"最后一公里"，意味着徐兰高铁牵手兰新高铁，成为世界最长高铁线。将西北地区全面纳入全国高铁网络，对加快该地区与中东部地区的经贸合作、人文交流，促进丝绸之路经济带建设具有重要意义。

　　工程于2013年1月开工建设，2017年7月竣工，总投资644.90亿元。

**1** 攻克了强湿陷性高含水率黄土地质大断面高铁隧道群建设世界性难题。揭示了强湿陷性高含水率黄土地质大断面高铁隧道开挖变形规律和破坏机制，研发了围岩监控量测信息化管理系统、创新总结了成套变形控制技术及关键修建技术，形成了众多专利，成果达到国际先进水平。

**2** 创新提出湿陷性黄土路基沉降及滑坡地质灾害防治技术。总结了大厚度湿陷性黄土复合地基综合施工技术；对黄土路基工后增湿变形提出系列控制技术；提出阻水帷幕加水泥土挤密底扩桩等湿陷性黄土地基加固处理新方法。首次设计应用锚托板加固和柔性加固失稳重力式挡墙等防治滑坡新方法；首次提出带钢支撑混合结构等多种新型泥石流拦挡结构。

**3** 研发了高烈度地震区桥梁及特殊结构桥梁设计与施工技术。确定了高烈度地震区大跨连续梁桥支座的剪断时机、开发了抗震与减隔震设计方法和成套装置；攻克了大坡度小半径曲线地段箱梁移动模架施工难题；首次将BIM技术用于48m简支梁节段拼装施工，形成了国家级工法。

**4** 首次设计了短路基6.5m单元式道床板结构，填补了道床板技术领域空白。

**5** 成功研发并推广应用作为《高速铁路高性能混凝土成套技术与工程应用》子课题的《干旱、大温差条件下混凝土施工技术及应用》，奠定了上述课题获国家科技进步奖的基础。

**6** 创立了高速铁路四电工程"标准示范线"。形成的《高速铁路电力牵引供电工程细部设计和工艺质量标准》在全路范围推广。

**7** 开展信息化管理。研发了"线路沉降观测信息化""试验室和混凝土拌合站信息化"，"围岩监控量测信息化"等建设期间实时信息化管理系统。

**8** 大力推广应用绿色施工技术。对全线127处渣场采用湿陷性黄土绿化生态防护技术，获国家重点环境保护实用技术及示范工程。

宝兰高铁驶过天水市

兰州西站站场桥

渭河隧道进口

预制箱梁架设

宝兰客运专线三阳川渭河2号特大桥全景

🏆 获奖情况

1 "高速铁路高性能混凝土成套技术与工程应用"获得 2019年度国家科学技术进步奖二等奖；

2 "高速铁路大断面黄土隧道建设成套技术及应用"获得 2015年度国家科学技术进步奖二等奖；

3 "边坡滑坡泥石流防治结构关键技术与应用研究"获得 2019年度甘肃省科技进步奖一等奖；

4 "大断面隧道侧穿偏压浅埋复杂地层安全快速施工技术" 获得2018年度天津市科学技术进步奖二等奖；

5 "复杂环境特长高铁隧道关键施工技术"获得2019年度 山西省科学技术奖科技进步二等奖、中国铁道学会铁道 科技奖二等奖；

6 "高寒冻土酷旱戈壁环境下耐久性混凝土配制技术及应 用"获得2018年度甘肃省科技进步奖二等奖；

7 "复杂黄土地质隧道的施工技术和地震动稳定评价方 法"获得2018年度甘肃省科技进步奖三等奖；

8 "黄土路基工后增湿变形机理及工程对策研究""甘 肃干寒地区桥梁混凝土材料与结构耐久性及全寿命 关键技术及应用"获得2017年度甘肃省科技进步奖 三等奖；

9 "基于黄土多物性指标的超大断面隧道变形规律及其施 工控制技术"获得2019年度安徽省科学技术奖三等奖、 中国铁道学会铁道科技奖二等奖；

10 "复杂黄土地层大断面隧道施工技术"获得2017年度中国公路学会科学技术奖三等奖；

11 2018～2019年度国家铁路局铁路优秀工程勘察一等奖；

12 2017～2018年度国家铁路局铁路优秀工程勘察二等奖、铁路优秀工程设计二等奖；

13 2019年度中国勘察设计协会行业优秀勘察设计奖"优秀工程勘察与岩土工程"二等奖；

14 2017～2018年度甘肃省住房和城乡建设厅甘肃省建设工程飞天奖；

15 2016～2017年度中国建筑业协会中国建设工程鲁班奖（国家优质工程）；

16 2018～2019年度中国施工企业管理协会国家优质工程奖；

17 2016～2017年度四川省建设工程质量安全与监理协会四川省建设工程天府杯银奖；

18 2017年度河北省建筑业协会河北省建设工程安济杯奖（省优质工程）；

19 2017年度山西省土木建筑学会山西省第十三届"太行杯"土木建筑工程大奖。

新建肯尼亚蒙巴萨至内罗毕标轨铁路

推荐单位
中国交通建设股份有限公司

# 1 工程概况

新建肯尼亚蒙巴萨至内罗毕标轨铁路位于肯尼亚共和国境内，是第一条采用中国资金、中国标准、中国技术、中国管理、中国装备建成并运营的国际干线铁路，是国家"一带一路""三网一化"和"产能合作"在东非地区的生动实践，是"一带一路"的旗舰项目。

项目正线全长471.65km。全线路基土石方7193.3万m³；

桥梁30979.5延米/136座；车站33座；66kV变配电所1座；33kV配电所7座；站场设施3875台；客货机车采购共56台；货车车辆1620辆。

该项目大段落穿越察沃国家公园、内罗毕国家公园和内罗毕市郊区，环保要求高，拆迁难度大；当地混凝土原材料缺乏，没有粉煤灰，碎石吸水率高，天然河砂极其稀少，水泥及钢筋参数不符合中国标准；项目涵盖融资、设计、施工、装备、运营维护等铁路建设运营全产业链，专业多且相互交叉，属地化需求大，对项目的综合管理要求极高。

工程于2015年1月开工建设，2018年5月竣工，总投资265.14亿元。

# 2 科技创新与新技术应用

1. 该项目是首条在东非地区完全采用中国标准、中国技术、中国装备、中国运营建设管理的国际干线铁路，是中国"一带一路"非洲"三网一化"在东非地区的生动实践。其成功建设有效促进东非现代化铁路网的形成和东非地区经济发展，为东非一体化提供互联互通的基础设施保障，也对中国铁路标准在东非乃至整个非洲的推广应用具有重要示范意义。

2. 项目创建了东非地区"铁路网规划+投融资+建设+装备采购+运营维护+人才培养"全产业链商业模式，实现了中国企业从承包商到运营服务商的转变，对东非地区新建标准轨铁路与既有窄轨铁路的融合做了研究，形成了一整套在境外修建铁路建、运、维完整体系，对"一带一路"建设有很好的借鉴作用和推广价值。

3. 系统形成了涵盖设计、施工、验收及运营维护的肯尼亚标准轨距铁路建设标准体系和运营及维护标准体系，不仅填补了肯尼亚缺乏标准轨距铁路建设标准的空白，而且极大地推动了中国铁路标准在肯尼亚的属地化进程。

蒙内铁路与百年米轨交汇

4　建立了地域性材料用于铁路混凝土工程的技术指标体系，因地制宜，大规模利用天然火山灰、天然火山渣、火成岩机制砂、黑棉土等一系列地域性材料，节约了资源，降低了工程造价，保证了工程质量。

5　研发了铁路穿越国家公园、东非大裂谷的生态环境保护成套技术，是中国标准建设的境外干线铁路穿越大型自然动植物保护区的首创与范例。

项目为肯尼亚创造超过46000个就业岗位，图为姆蒂托站正在施工的工人

沿线建设14处大型野生动物穿越通道，桥梁61处，涵洞600处，保障动物自由迁徙

埃玛利镇梁枕场

蒙内铁路客车经过察沃特大桥

海港珍珠−蒙巴萨站

和谐

幸福

1　"高温干旱地区水泥混凝土施工及养护质量控制技术""肯尼亚蒙内铁路阿西河特大桥高性能清水混凝土关键技术研究"获得2019年度中国公路建设行业协会科学技术进步奖一等奖；

2　"大吸水率骨料混凝土施工应用技术"获得2017年度中国公路建设行业协会公路工程科技创新成果二等奖；

3　"天然火山灰质材料在高性能混凝土中的应用"获得2015年度中国施工企业管理协会科学技术奖科技创新成果二等奖；

4　2018~2019年度中国建筑业协会中国建设工程鲁班奖（境外工程）。

通达

# 国道317线雀儿山隧道工程

推荐单位 | 中国建筑集团有限公司、湖南省土木建筑学会

## 1 工程概况

该工程是国家级重点工程，位于四川省甘孜州德格县境内，是目前世界上海拔超过4300m单洞最长的公路隧道。洞口海拔4373m，全长7079m，平行导洞长7108m，最大埋深700m。

雀儿山隧道具有"海拔高、地应力高、地震烈度高"及"气温低、含氧量低、气压低"等特点。隧道穿越4条大断层，

隧道洞口雪景

地质条件极其复杂，技术难度极大，安全风险极高。工程的建成，在政治、经济、军事等方面均具有十分重要的意义。

工程于2012年8月30日开工建设，2020年1月15日竣工，总投资11.2亿元。

# 2 科技创新与新技术应用

**1** 创新了高海拔寒区隧道选线方法以及结构抗防冻性能保证关键技术

提出了高海拔隧道基于气象要素的选线设计理念，为高海拔寒区越岭隧道选线提供了新思路。形成了"衬砌内贴保温层+洞口防雪透光棚"综合抗防冻设计方法，提高了结构防冻抗灾能力，研发了离壁式保温衬套抗防冻结构和升温管技术。隧道已运营3年，未发生衬砌结构冻害。

**2** 创新了高海拔"三低"环境下隧道作业人员健康保障体系

提出了基于海拔高度与人员劳动强度的高海拔隧道施工供氧标准，建立了隧道施工制氧供氧系统，解决了9%低含氧量特长隧道独头掘进4000m的供氧难题；开发了基于穿戴设备的人员机体健康实时监控系统，保障了施工人员安全。

**3** 创新了高海拔"三低"环境下隧道作业机械效能保持应用方法

制定了适用于海拔5000m的隧道通风计算新标准，优化了高海拔隧道轴流风机结构模式，构建了"富氧+涡轮增压"的双控组合机械效能提升方法，最大效率提升可达到87.8%；提出了特长大隧道分阶段掘进通风方案，为高原寒区隧道的施工通风技术设计提供参考。

**4** 创新了高海拔隧道建造生态环境保护与利用技术

基于生态文明和绿色发展理念，研发了天然温泉循环的隧道洞内外路面冰害自防系统；形成了利用超长隧道水平气压差、寒区隧道洞内外温差和风墙式压差等自然通风与机械式通风相结合的隧道通风设计技术，减少通风能耗9.5%；率先实践隧道弃渣回收、隧区植被恢复技术，实现绿色建造。

隧道全景

隧道铭牌

隧道洞内保温装饰

隧道出洞口

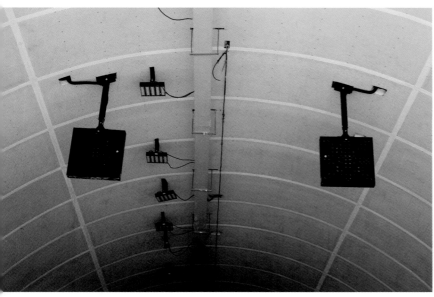

隧道洞内监控

隧道洞口防雪棚

隧道进洞口

岳西至武汉高速公路安徽段

推荐单位
中国土木工程学会工程风险与保险研究分会

# 1 工程概况

　　岳西至武汉高速公路安徽段是国家高速公路网规划G42S上海至武汉的组成部分，路线起于岳西县，与G35济广高速六安至潜山段枢纽交叉，向东延伸即为目前在建的G42S沪武高速岳西至无为段，向西顺接G42S沪武高速湖北省武汉至英山段。路线全长46.235km，路基土石方1091万m³，桥梁22座，隧道10座，服务区1处，收费站2处，

互通3处。采用双向四车道标准,设计速度80km/h,路基宽24.5m。

　　项目位于大别山腹地,群峰逶迤、林壑幽深、河流深切,路线布设空间狭小。地质情况以花岗片麻岩为主,粉砂岩、崩塌、滑坡等不良地质并存,中碱性集料、天然河砂匮乏。

　　项目注重"安全、耐久、绿色、集约"创新理念,强化科技攻关,累计开展省部级科研攻关24项,首创并实践了以绿色建造为内涵的公路建设集成技术体系,实现了"最大限度节约资源,最小限度影响环境"目标。

　　工程于2012年11月开工建设,2019年6月竣工,总投资52.58亿元。

岳武高速公路安徽段线路航拍

明堂山隧道

漕河大桥

**1** 首创了基于生态环保理念的隧道防排水设计
与环境影响评价方法，攻克了隧道对地下水
环境影响分析与评价的世界难题。

**2** 首创了长大隧道单通道送风式纵向通风技
术，相比竖井通风方法，降低通风能耗
40%，达到节能降耗的效果。

**3** 首创了高速公路隧道分布式供电与智能控制
技术，首次实现高速公路长大隧道群机电设
施的单端远距离供电，解决了传统供电方式
供电质量差、电缆用量大及险峻地形条件下
变电站选址难等一系列问题；供电设备建设
成本降低38%，年运营节电量约10万kWh。

**4** 研发了酸性隧道洞渣综合利用成套技术，攻
克了酸性集料沥青混合料耐久性能评价、机
制砂混凝土可泵性控制等核心技术难题，酸
性洞渣绿色循环利用率达85.8%，机制砂酸
性洞渣母岩利用率提高45%，累计推广应用
酸性集料1400余万t，降低弃渣量节地造地
达200万m²。

司空山枢纽

**1** "废轮胎修筑高性能沥青路面关键技术及工程应用"获得2015年度国家科学技术进步奖二等奖；

**2** "城市地下基础设施全寿命安全状态快速采集与设备研发"获得2017年度上海市科学技术发明奖一等奖；

**3** "高速公路绿色隧道关键技术及工程示范"获得2018年度安徽省科学技术奖二等奖、2018年度中国公路学会科学技术奖一等奖；

**4** "机制砂混凝土应用关键技术研究"获得2017年度中国公路学会科学技术奖一等奖；

**5** "公路工程质量安全过程控制智能化与远程监控技术研究"获得2015年度中国公路学会科学技术奖一等奖；

**6** "温拌沥青混合料应用技术研究"获得2014年度中国公路学会科学技术奖一等奖；

**7** 2016年度中国公路勘察设计协会公路交通优秀设计二等奖、公路交通优秀勘察二等奖；

**8** 2019年度安徽省工程勘察设计协会安徽省优秀工程勘察设计行业奖"交通工程设计"一等奖；

**9** 2018～2019年度中国公路建设行业协会李春奖（公路交通优质工程奖）；

**10** 2017年度安徽公路建设行业协会安徽交通优质工程奖。

# 右江百色水利枢纽工程

推荐单位 中国大坝工程学会

## 1 工程概况

　　该工程位于珠江流域右江河段，是一座以防洪为主，兼有发电、灌溉、航运、供水等综合利用效益的大型水利枢纽，是我国西部大开发重要的标志性工程之一。

　　该工程为Ⅰ等大（1）型工程，水库总库容56.6亿m³，防洪库容16.4亿m³，调节库容26.2亿m³，为不完全多年调节水库；水电站装机容量4×135MW，多年平均发电量16.9亿kWh。

工程由拦河主坝、水电站、副坝和通航建筑物4部分组成。主坝为全断面碾压混凝土重力坝，最大坝高130m，坝顶长度720m，碾压混凝土筑坝材料高达210万m³。水电站采用地下式厂房，主厂房总长147m，宽19.5m，高49m。

工程于2001年10月开工建设，2006年12月竣工，总投资63.26亿元。

## **2** 科技创新与新技术应用

1. 利用软岩区中仅有的宽140m的辉绿岩带建造130m高重力坝和地下厂房，因地制宜，采用三折线坝轴线布置，减薄了地下厂房岩壁及上覆岩体厚度，提升了筑坝技术的认知。

2. 在强度相差近100倍的软硬相间的复杂地质条件下，建成了当时全国规模最大的碾压混凝土重力坝，碾压混凝土方量达210万m³，具有行业引领性。

3. 采用辉绿岩作大坝人工骨料，解决了辉绿岩破碎难、混凝土弹模高、初凝时间短等技术难题，拓宽了坝料选择范围。

**主坝全景（正视）**

4 提出了数值分析、地质力学模型试验综合评价大坝稳定的方法，用动态规划优化法对坝体断面进行了优化；采用上游坝面加设短横缝等综合温控措施实现高温季节连续施工；研究出了"表孔宽尾墩、中孔跌流、底流式消力池"新型联合消能工消能。

5 创新了斜层碾压、异种混凝土同步上升等技术；发明了可调式悬臂翻升系列模板。

6 研究出了"保护层与岩台分作两次开挖"的方法，突破了常规的钻水平孔进行光面爆破的开挖方式，确保了岩壁梁岩台开挖质量。

主坝全景（侧视）

🏆 获奖情况

1 "辉绿岩人工骨料在百色RCC坝的应用研究"获得2010年度广西科学技术进步奖二等奖；

2 2005年度广西壮族自治区建设厅广西优秀工程设计一等奖；

3 "导流隧洞工程地质勘察"获2003年度广西壮族自治区建设厅优秀工程勘察一等奖、"主坝工程勘察"获2007年度优秀工程勘察一等奖、"水电站（地下厂房）工程地质勘察"获2009年度优秀工程勘察一等奖；

4 2017年度中国水利水电勘测设计协会全国优秀水利水电工程勘测设计金质奖；

5 2018年度中国水利工程协会中国水利工程优质大禹奖；

6 2004年度、2005年度广西壮族自治区水利厅广西水利优质工程奖。

地下厂房

银屯副坝

香屯副坝

# 连云港港徐圩港区防波堤工程

推荐单位
中国交通建设股份有限公司

**1 工程概况**

　　该工程位于江苏省连云港市徐圩港区,徐圩港区是位于开敞式淤泥质海域的超大型新建港区,海域淤泥层厚10~20m,最大波高近7m。防波堤是港区工程开发建设的前置条件,具有挡浪和挡沙功能,包括东、西防波堤,全长22.3km。近岸浅水段采用斜坡式结构,深水段采用新型桶式基础结构,设计使用寿命100年。新型桶式基础结构为预制

全景

无底单桶多隔仓混凝土基础结构，单个构建重达3200t，具有预制装配程度高、施工无需特大型起重船机、施工速度快、无需地基加固、节省砂石料、工程造价低、绿色环保等特点。

工程于2012年11月30日开工建设，2018年7月30日竣工，总投资37.34亿元。

# 2 科技创新与新技术应用

1 发明了具有自主知识产权的"无底单桶多隔仓混凝土基础结构",被交通运输部评为水运工程重大创新成果。

2 建立了新型桶式基础结构相关设计理论及方法;研发了超重无底薄壁混凝土构件批量预制、运输、装船、出驳的成套装配施工技术,并解决了多隔仓、大尺寸、薄壁构件气密性混凝土施工和力系转换技术难题。

3 揭示了无底桶体、重心在浮心之上结构的自浮动态稳定特性,首次建立了新型桶式基础结构气浮稳定计算公式,为无底桶体海上气浮运输安全验算提供了方法。

4 发明了自动化集成操控系统进行新型桶式基础结构沉放纠偏施工控制的方法,保证了开敞海域施工安装的精度。

5 研发了新结构孔压、土压、波压、内力监测新方法,已远程监测6年,收集了桶式结构受力变形的海量数据,为进一步把握结构特性、检验相关技术方法、编制行业技术标准奠定了基础。

全景

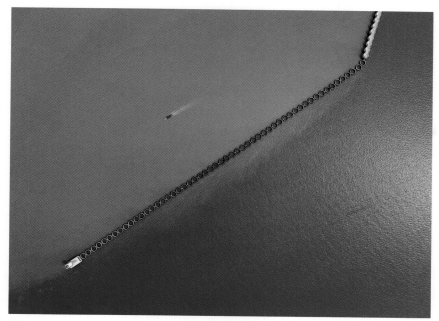

俯瞰

斜坡堤

直立堤

上海国际航运中心

洋山深水港区四期工程

推荐单位
中国土木工程学会港口工程分会

# 1 工程概况

洋山深水港区四期工程是全球一次建成规模最大的全自动化集装箱码头，新建5个5万吨级和2个7万吨级集装箱泊位（码头结构均按靠泊15万吨级集装箱船设计和建设）、工作船码头及必要的配套设施，岸线全长2770m（集装箱泊位岸线长2350m，工作船码头等岸线长420m），港区陆域平均陆域纵深约500m，总用地面积223.16万m²，设计年通过能力630万标准箱。

上海国际航运中心洋山深水港区四期工程全景

　　洋山深水港区四期工程按照建设绿色、智慧港口，打造品质工程的理念，技术方案创新突出顺利实现了工程的建设目标，成就了自动化集装箱码头高效率运作的典范，给全自动码头装上"中国芯"。洋山深水港区四期工程采用上港集团自主创新设计、集成研发的世界一流自动化生产管理控制系统，实现了覆盖装卸、运营全流程的智能计划编排功能。通过作业控制监控系统，实现了设备作业执行的无人化监管。

相比于劳动密集型的传统集装箱码头，洋山深水港区四期工程作业人员减少70%以上，生产效率提高30%，作业安全环境大为改善，经济效益和社会效益显著。

　　工程于2014年12月开工建设，2018年12月竣工，总投资139.7亿元。

**1** 创新确立洋山四期的自动化集装箱码头总体布局模式。针对本工程地形、水文条件复杂的特点，通过多技术手段科学论证确定工程形态布置，根据自动化港口技术的发展趋势，科学论证确定洋山四期的自动化集装箱码头总体布局模式，创新地提出了自动化集装箱堆场布置、自动导引运输车（AGV）电池更换站穿越式布置、三级进港智能闸口等8项突破传统集装箱码头的平面布置模式，最大限度地提高了洋山四期狭长形陆域的使用率，生产服务能级也得到大幅提升，扩大港区综合通过能力，提升了自动化水平。

**2** 创新研发基于全域融合架构的新一代自动化集装箱码头智能操作系统（TOS系统），攻克了超大型自动化集装箱码头全域海量传感数据瞬时交互、高速计算、实时决策与执行的技术难题。

**3** 创新研发装卸机械全面自动化的ECS系统、网络及通信技术，研制了世界首创的远程控制超大型自动化双起升双小车岸边集装箱起重机（QC）、更换锂电池式全电动无人驾驶重载集装箱导引车（AGV）及大规模

车队管理系统、自动化标准化全系列轨道吊（ARMG）和世界首创的自动化双箱高速轨道吊。

**4** 基于洋山深水港区水-水中转比例高及存在互拖箱作业的特点，创新了自动化集装箱堆场内冷藏箱混合布置和提出了"无悬臂、单侧悬臂和双侧悬臂"三种型式轨道吊的混合布置型式。

**5** 为适应深厚软土地基下自动化集装箱堆场设备和水平运输设备作业要求，创新研发了双重可调式轨道基础及可调式轨枕结构和首次在码头面层和重载道路结构中大范围应用FRP筋。

**6** 成功解决水上高回填土深厚软弱土层地基加固、斜嵌岩桩基施工等一系列施工关键技术难题。

**7** 立足于自然、环境、资源、功能等各个角度综合考虑工程建设方案，重视开发与保护的协调，通过加强环境保护管理和一系列的环境保护措施，营造一个新的、良好的绿色港口生态环境。

自动导引车（AGV）交接区

港区中控塔内景

1　"自动化集装箱码头装卸系统关键技术及应用"获得2017年度上海市科技进步奖一等奖；

2　"洋山四期自动化集装箱智能系统和智能装备关键技术及应用"获得2019年度中国港口协会科技进步特等奖；

3　"深厚软土地基条件下全自动集装箱码头道路堆场设计新技术"获得2018年度中国港口协会科技进步奖一等奖；

4　"自动化集装箱码头总体布局模式研究"获得2016年度中国港口协会科技进步奖一等奖；

5　"新型砂被混合排护底施工关键技术"获得2016年度中国施工企业管理协会科学技术奖科技创新成果二等奖；

6　2019年度中国水运建设行业协会水运工程优秀设计奖一等奖、水运工程优秀勘察奖一等奖；

7　2017年度上海市建筑施工行业协会上海市建设工程"白玉兰"奖（市优质工程）；

8　2014～2017年度上海港口行业协会上海市水运优质工程。

港区全自动装卸设备全景

港区中控塔和办公区全景

郑州市南四环至郑州南站城郊铁路一期工程

城郊铁路一期工程

推荐单位
河南省土木建筑学会

# 1 工程概况

郑州市南四环至郑州南站城郊铁路一期工程起止范围为南四环站至新郑机场站，是连通城市中心区、新郑市、航空港综合经济试验区、新郑国际机场的快速通道，线路长31.725km，其中高架线16.03km，地下线14.425km，过渡段1.27km，共设车站14座，其中高架站7座，地下站7座。设孟

庄车辆段1座,新建主变电所2座,控制中心设在郑州市轨道交通调度中心。

设计最高运行速度为100km/h,采用B型车6辆编组,系统最大设计能力30对/h,采用快慢车运营组织模式,牵引供电制式采用DC1500V架空接触网。

本工程线路多处穿越建(构)筑物、河流、高铁、高速、机场跑道等控制点,工期仅33个月,创造了全国地铁同等规模工程建设工期最短纪录。

工程于2014年4月16日开工建设,2016年11月8日竣工,总投资109.9亿元。

**1** 实现轨道交通互联互通运营，提高旅客直达性和快达性。国内首个实现城郊铁路与两条市区地铁（2号、9号线）互联互通的"Y"型贯通运营；通过同台换乘、快慢车越行、跨线运营等技术，实现了市中心区至机场快车45min到达，比慢车缩短15min。

**2** 创新机场站π型零距换乘设计理念。本工程新郑机场站与城际铁路站采用地下双层平行设置、同厅换乘，又与机场航站楼"零距离"构成π型换乘，实现了机场枢纽路侧与空侧的无缝衔接、便捷高效。

**3** 创新和发展了轨道交通U型梁系统，实现了功能、安全、景观、环保的完美结合。独创了双线U型梁中间设置疏散平台兼顾接触网立柱安装的桥面系统，首次在U型梁腹板上采用预埋槽道、在底板上采用长枕式整体道床技术，提高了断面利用率、降低了结构二次噪声、减少了运维工作量，节省工期约5个月，造价大幅降低。

**4** 研发了地铁穿越机场敏感区域的整套施工安全控制技术体系。针对易液化砂土地层，研发了土压平衡盾构穿越机场航站楼、滑行道、跑道灯光带等敏感区域的微扰动施工技术，制定了整套施工安全控制技术体系，实现了机场区沉降不超2mm。

**5** 国内首次研发并应用了基于LTE技术的城市轨道交通无线传输系统。通过创新LTE无线传输系统关键技术，首次实现了PIS、IMS、车辆状态、信号、集群通信等多业务的综合承载。该技术已在全国范围推广采用，仅郑州地铁后续建设的10个工程节约投资约1.3亿元。

**6** 首次开发应用了中压能馈型再生能量利用装置无功补偿功能技术，提高了城市电网变电站出口处的功率因数0.1～0.2，改善了供电系统电能质量。

十八里河站站厅

U型梁高架线实景（穿越而过）

新郑机场站站厅

U型梁高架线实景（环绕都市）

1 "建设工程绿色施工与安全监控信息化平台的研发与应用"获得2018年度湖北省科技进步奖二等奖;

2 "敏感环境下超长距离砂性土地层盾构掘进施工关键技术"获得2019年度河南省住房和城乡建设厅河南省建设事业科学技术进步一等奖;

3 "城市轨道交通山型U梁受力性能及施工风险成本研究"获得2017年度河南省住房和城乡建设厅河南省建设事业科学技术进步一等奖;

4 "地下管线渗漏对施工中隧道周围地层变形的影响研究""深基坑施工过程中支护体系的力学响应和风险控制""盾构穿越新建桥梁及拔桩区施工技术"获得2016年度河南省住房和城乡建设厅河南省建设事业科学技术进步一等奖;

5 "多排桩非连续屏障的被动隔震性能研究""地铁盾构下穿建(构)筑物的控制措施研究"获2016年度河南省建设事业科学技术进步二等奖;

6 "基于LTE技术的城市轨道交通无线传输系统综合研究与应用"获得2019年度中国城市轨道交通协会城市轨道交通科技进步奖二等奖;

7 "城轨U型梁综合施工技术研究"获得2017年度中国施工企业管理协会科学技术进步奖二等奖;

8 "粉细砂层小半径曲线条件下盾构掘进渣土改良及纠偏等关键技术研究"获得2015年度中国施工企业管理协会科学技术奖科技创新成果二等奖;

9 2019年度中国勘察设计协会行业优秀勘察设计奖"优秀工程勘察与岩土工程"二等奖、"优秀市政公用工程设计"三等奖;

10 2019年度北京工程勘察设计行业协会北京市优秀工程勘察设计奖"工程勘察与岩土工程综合奖(岩土)"一等奖、"市政公用工程(轨道交通)综合奖"二等奖;

11 2017年度、2018年度河南省住房和城乡建设厅河南省建设工程"中州杯"(省优质工程)。

# 重庆轨道交通十号线一期（建新东路~王家庄段）工程

推荐单位
中国铁路工程集团有限公司

## 1　工程概况

重庆轨道交通十号线一期工程始于建新东路，止于王家庄，途经江北区、渝北区等城市核心区，串联火车北站南广场和北广场、江北国际机场、悦来国博中心等重要交通枢纽，是重庆市轨道交通线网主干线路。线路全长33.42km，其中地下段长26.9km，高架段长6.38km，共设车站19座

重庆轨道交通十号线一期工程长河站全景

（地下站18座、高架站1座），设车辆段、停车场、主变电所各1座。线路平面最小曲线半径正线为300m，区间正线最大坡度为45‰，采用山地城市As型车，列车最高运行速度100km/h。开通运营后缩短城市主要核心区至机场、国铁站的公共交通运行时间20min以上，极大地方便了市民出行，完善了轨道交通运营网络，被誉为重庆"最时尚、最快捷、最舒适"的地铁，社会经济效益显著。

工程于2014年5月开工建设，2017年12月竣工，总投资210亿元。

# 2 科技创新与
新技术应用

**1** 国内首次创新研发了山地As型车辆。针对重庆典型山地城市特征，开展车体优化设计、动力全分散配置、车厢人性化设计技术研究，进行了车辆空气动力学模拟试验，改进了车辆曲线的适应性，保证了大纵坡小曲线线路的运行安全及乘客舒适度。

**2** 国内首次形成了互联互通综合运营技术。通过设备与资源的共享及列车跨线和共线运行，建立了城市轨道交通信号系统互联互通标准，建成了互联互通配套的信号系统测试验证平台与全局调度指挥系统，制定了互联互通统一系统规范，定义了全网统一通用电子图规范，形成了标准化接口通信协议规范。

**3** 形成了山地城市轨道交通工程综合勘察成套技术。采用山地北斗地基增强高精度导航定位技术、非金属管网及建（构）筑物障碍探测技术、勘察内外业一体化及GIS+BIM的信息化技术、基于智能无线网关的高精度变形监测技术等，成套技术成果可全国推广应用。

**4** 解决了复杂环境下深埋大断面地铁暗挖车站技术难题。红土地站94m埋深修建创全国之最；重庆北站南广场站三线四站交叉换乘空间布局复杂。综合开展地铁防灾设计、近接既有结构和线路施工、复杂群洞效应控制研究，采用竖井反井开挖、钻机取孔破碎开挖、托换-盖挖、主辅坑道体系转换等施工技术，解决了深埋、近接等复杂环境下超大断面暗挖车站技术难题。

**5** 解决了机场跑道通航动载、富水欠固结深回填土条件下地铁区间技术难题。区间1570m下穿机场跑道；区间185m穿越富水欠固结深厚回填土。综合采用复合式TBM隧道结构设计、区域降水自动控制、隧道双层组合初支、组合刚性结构及全包防水等技术，创造了不停运、"零沉降"下穿机场跑道最长距离全国纪录；解决了高地下水位、深厚回填土条件下区间隧道技术难题。

**6** 达成了节能环保可持续发展的建设目标。统一规划上盖物业开发与地铁建设，同步实施，节约土地26.96公顷，增加可开发建筑面积87.4万$m^2$；国内首次全线采用单端集约通风系统，缩短车站结构5m，结合高效照明系统、组合式弧形蜂窝铝板幕墙技术，综合节能达30%。

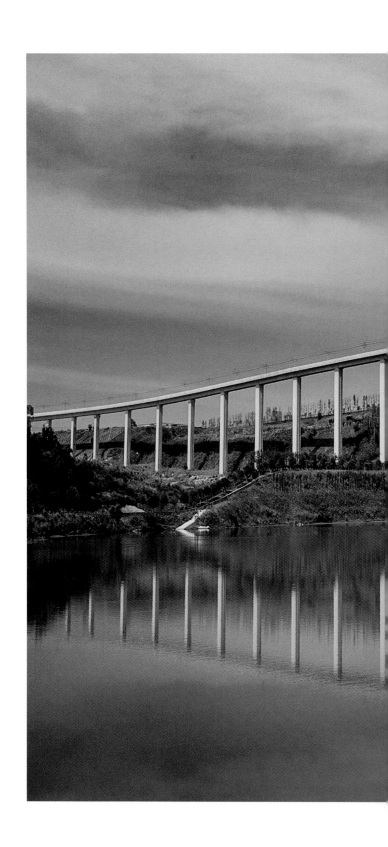

长河站至T3航站楼站区间全景

**T3航站楼站站厅层全景**

1　"中国高精度数字高程基准建立的关键技术及其推广应用"获得2019年度国家科技进步奖一等奖;

2　"地铁环境保障与高效节能关键技术创新与应用"获得2016年度国家技术发明奖二等奖;

3　"城市轨道交通大客流精准感知及管控技术研发与应用"获得2017年度北京市科学技术奖二等奖;

4　"复杂地层城市地铁土压平衡盾构渣土改良与掘进安全控制技术"获得2017年度湖南省科学技术进步奖二等奖;

5　"城市地下空间开发与灾害控制关键技术"获得2018年度辽宁省科学技术进步奖二等奖;

6　"山地城市大断面浅埋立体交叉地下轨道交通建造关键技术与应用"获得2015年度重庆市科技进步奖一等奖;

7　"山地城市综合勘察关键技术体系研究与应用"获得2017年度重庆市科技进步奖二等奖;

8　"大坡度小半径地铁隧道盾构施工关键技术"获得2016年度山西省科技进步奖三等奖;

9　"地铁车站近距离下穿大直径城市供水管道原位保护施工技术"获得2017年度山西省科技进步奖三等奖;

10　"新型速凝混凝土研发及配套技术与应用"获得2018年度辽宁省科学技术进步奖三等奖;

11　"特大断面地铁车站浅埋暗挖施工关键技术"获得2019年度安徽省科学技术奖三等奖;

12　"基于智能无线网关的高精度变形监测成套技术与应用"获得2019年度中国测绘学会科技进步奖一等奖;

13　"山地城市轨道交通工程GIS+BIM全过程支撑技术体系"获得2019年度中国测绘学会科技进步奖二等奖;

14　"特大断面地铁车站浅埋暗挖施工关键技术"获得2019年度中国交通运输协会科学技术奖二等奖;

15　"超深超大断面近距离下穿营业地铁车站综合施工技术研究"获得2017年度中国公路建设行业协会公路工程科技创新成果二等奖;

16　"深大竖井施工技术研究"获得2018年度中国公路建设行业协会交通建设科技创新成果二等奖;

17　"重庆地铁大跨度车站及区间隧道施工技术研究"获得2019年度中国施工企业管理协会工程建设科学技术进步奖二等奖;

18　2019年度中国勘察设计协会行业优秀勘察设计奖"优秀市政公用工程设计"二等奖、"优秀水系统工程"二等奖;

19　2019年度北京工程勘察设计行业协会北京市优秀工程勘察设计奖"市政公用工程（轨道交通）综合奖"一等奖;

20　2018~2019年度中国建筑业协会中国建设工程鲁班奖（国家优质工程）;

21　2017年度重庆市建筑业协会巴渝杯优质工程奖;

22　2018年度重庆市市政工程协会重庆市市政工程"金杯奖"。

As车辆内部全景

盾构地下区间工程全景

# 天津地铁3号线工程

推荐单位
天津市土木工程学会

## 1 工程概况

天津地铁3号线贯穿天津西南至东北方向，连通7个行政区，线路南起天津南站，终点至北辰区小淀，全长33.4km，设场站28座。串联大型居住区、核心商务区、风景旅游区及三大铁路枢纽，换乘便捷，可快速通达北京南站、天津空港、天津滨海新区，是构成京津冀综合立体交通网的骨干线，也是构成京津冀综合立体交通网的骨干线。

天津地处"九河下梢"，富含淤泥质土、粉土粉砂，地下

天津地铁3号线华苑车辆段外景

水位高。针对复杂地质条件，敏感周边环境，通过创新设计
理念，强化科技攻关，精细化施工控制，成功首次下穿高铁、
多次穿越历史风貌建筑群，枢纽接驳率行业领先，有效推动
轨道上的京津冀快速发展，充分发挥公共交通的网络化效应，
荣获了一批重大奖项，成为天津市轨道交通发展的新标杆。

　　工程于2008年3月开工建设，2012年8月竣工，总投资
144.4亿元。

# 2 科技创新与
新技术应用

1 首次针对天津富含淤泥质土、粉土粉砂，地下水位高的海陆交互"千层饼"状软土特性，提出了深大长基坑安全精细控制技术，发明了承压水非截断条件下的分仓降水、分仓开挖和双井组合回灌等多项技术。

2 首创了基于盾构施工参数敏感性的地层沉降分阶段控制技术，成功在软土地区下穿设计时速350km的京津城际和瓷房子、张学良故居等历史风貌建筑群，施工实现了盾构施工对环境影响的毫米级控制。运营8年来，高铁不降速，历史风貌建筑状况完好无损。

**天津轨道交通控制中心（OCC）全景**

③ 首次在市中心改扩建天津站大型交通枢纽工程，天津站大型交通枢纽建筑面积18万m²，基坑深33.5m，集国铁、地铁，公交等多种交通方式于一体，是我国首个高速铁路京津城际的重大配套工程。项目开创了国内大型综合交通枢纽的设计先河，首创大型交通工程"设计—建设—运营"集成管理模式。

④ 首次建成单体面积最大的线网综合控制中心，围绕"信息化、智能化、智慧化"的目标，加速构建大数据平台、智能调度、智能运维等项目，可实现22条线路的统一调度指挥，为建设智慧城轨夯实基础。

⑤ 装修风格定位为"都市金廊"。津湾广场站，欧式穹顶，与周边建筑完美融合；天津站，环形浮雕，色彩与造型相得益彰；和平路站与天河城商业综合体，统一规划、同步建设，打造了TOD项目的新典范。

🏆 获奖情况

**1** "深大长基础安全精细控制与节约型基坑支护新技术及应用"获得2015年度国家科学技术进步奖二等奖；

**2** "软土地区城市岩土与地下工程安全控制关键技术及应用"获得2017年度天津市科学技术进步奖一等奖；

**3** "滨海地区深大基坑稳定与变形全过程控制理论与关键技术"获得2013年度教育部科学技术进步奖一等奖；

**4** "天津站交通枢纽工程设计与施工新技术规程研究及工程示范"获得2014年度天津市科学技术进步奖二等奖；

**5** "地铁浮置板整体道床快速施工技术研究"获得2013年度天津市科学技术进步奖二等奖；

**6** "深基坑邻近建筑不均匀沉降的监测与控制"获得2011年度中国施工企业管理协会科学技术奖技术创新成果二等奖；

**7** 2014年度、2015年度天津市勘察设计协会"海河杯"天津市优秀勘察设计"市政公用工程轨道交通"一等奖；

**8** 2013～2014年度中国施工企业管理协会国家优质工程奖；

**9** 2013年度天津市建筑业协会天津市建设工程"金奖海河杯"奖；

**10** 2011年度天津市建筑业协会天津市建筑工程"结构海河杯"奖。

天津地铁3号线华苑车辆段列检库外景

天津地铁3号线天津站枢纽下沉广场全景

天津地铁3号线大学城站外景

天津地铁3号线津湾广场站站厅层

天津地铁3号线吴家窑站站台层

# 济南轨道交通1号线工程

推荐单位
中国土木工程学会轨道交通分会

# 1 工程概况

　　济南轨道交通1号线是泉城首条地铁线路，肩负泉域特殊水文地质条件地铁建设技术探索的重要使命。沿线串联创新谷、大学城、济南西站等重点区域，线路全长26.1km，其中高架段16.2km，过渡段0.2km，地下段9.7km；全线设车站11座，其中高架站7座，地下站4座，车辆综合基地1处，控制中心1座。

济南轨道交通1号线园博园站航拍

　　1号线工程穿越北大沙河、玉符河等济西水源地，是泉水的主要补给区，沿线分布冲洪积松散地层、寒武系和奥陶系岩溶石灰岩等泉域典型地层，具有水位浅、弱承压、补给快、岩溶裂隙发育等显著特征，在泉城修建地铁是地铁工程建设面临的重大技术难题。

　　工程于2015年7月开工建设，2018年12月完成竣工验收，总投资134亿元。

## 2 科技创新与新技术应用

1. 建立了泉域地铁建造体系。揭示了泉水形成机理与分布规律，提出了"绕避升抬、疏堵结合"的规划设计理念，发明了泉域富水地层地铁车站降水回灌技术，攻克了泉城岩溶灰岩地质盾构施工控制技术难题，实现了地铁建设与泉水共融共生，为泉域地铁建设提供了示范。

2. 创新了轨道交通建筑设计理念。独特的"儒风素语"贯穿了枢纽、车站、区间桥梁、地面附属设施等系列公共空间设计，运用简约朴素的清水混凝土天然雕饰，展现了厚重的齐鲁文化，体现了建筑美和结构美的高度融合；创建了结构侧立面外倾10°的高架车站鱼腹岛式造型，改善了车站的空间感受，提升了路中车站的景观效果，高架车站轻量化、免维护、节能环保。

3. 首创了地铁车站预制叠合结构体系。提出了预制肋叠合墙、复合立柱、预应力叠合顶板关键技术，解决了预制桩三维精准定位、地下叠合结构变形控制与防水技术难题，实现了支护结构与主体结构的永临合一，提高了工程质量，降低了工程造价。

4. 形成了全生命周期轨道交通绿色建造技术体系。全面实施应用了可调通风型站台门、再生制动能回收、光伏发电等40项绿色创新技术，全线综合节能15%。

   济南轨道交通1号线是住房城乡建设部绿色施工科技示范工程，获授权发明专利27项、获省级工法14项，主编地方标准4部、专著3部，形成了《济南轨道交通1号线工程建造关键技术创新与应用》研究成果，其中泉域地铁保泉技术、地铁车站预制叠合结构建造技术达到国际领先水平。

范村车辆基地航拍

儒风素语的创新谷车站

路中高架区间与沿线景观融为一体

1号线丁香紫列车，"泉速"齐发

大杨站站厅一撇，"年轮"文化墙承载儒家、泉水文化

---

🏆 **获奖情况**

1. "城市地下基础设施全寿命安全状态快速采集与设备研发"获得2017年度上海市技术发明奖一等奖；

2. "济南泉水形成机理与保护关键技术"获得2019年度山东省科学技术进步奖二等奖；

3. "济南城市地质及三维可视化模型在城市轨道交通建设中的应用示范"获得2019年度山东省科学技术进步奖三等奖；

4. "富水地层基坑降水回灌关键技术及设备研创"获得2016年度济南市技术发明奖一等奖；

5. "基于废弃物再生利用的高性能混凝土研究与应用"获得2015年度华夏建设科学技术奖励委员会华夏建设科学技术奖二等奖；

6. 2017年度山东省住房和城乡建设厅山东省优秀城乡规划设计成果竞赛一等奖；

7. 2017年度中国城市规划协会全国优秀城乡规划设计奖（城市规划）二等奖；

8. 2020年度北京工程勘察设计行业协会北京市优秀设计奖；

9. 2020年度山东省建筑业协会山东省建筑质量"泰山杯"工程。

# 杭州文一路地下通道（保俶北路～紫金港路）工程

推荐单位
中国土木工程学会市政工程分会

# 1 工程概况

杭州文一路地下通道工程全长5800m，由5280m的地下隧道接线道路和一座地下、地上结合型全互通立交组成，圆隧道内径10.3m，双向4车道。文一路地下通道工程是华东地区首个采用隧道+立交形式的城市快速路工程，也是国内暗挖施工占比最高的城市快速路工程。

全景

工程以建设环境友好型城市快速路工程为目标，践行全寿命周期、设计建管养运一体化的绿色建造理念，全过程运用BIM技术，结合GIS、IoT、云计算、大数据等信息技术，深度融合建设运维维护需求，实现了集约化建设、协同化管控，打造了一条数字化、智能化、绿色、安全的城市快速路，为后续大型市政工程的设计、施工和运维提供借鉴。

工程于2014年12月开工建设，2018年11月竣工，总投资76亿元。

# 2 科技创新与新技术应用

第十八届中国土木工程詹天佑奖获奖工程集锦

**1** 首创基于结构、环境、设备的地下快速路全方位感知全寿命周期监测体系，实现了轨道巡检机器人、4S智慧管片等新技术在地下快速路建设、运维中的创新应用。

**2** 首创基于数据驱动的城市快速路全寿命"建设+运营"、数字资产、全过程信息管理标准及评价体系，研发以BIM为载体的管理平台和移动端应用，实现了工程建造与运营、养护的无缝衔接。

地上、地下结合型全互通立交鸟瞰图

3 地下快速路中间风井采用明暗挖结合的"风-隧合建"建造技术，将常规地下两层的中间风井减少为地下一层。

4 通过MJS隔离桩、支撑伺服系统、RJP暗撑、自动化监测等技术的集成应用，攻克了闹市区深厚淤泥层深大基坑的变形控制难题。

5 首次成功实践了深厚淤泥层大直径泥水平衡盾构近距离下穿运营地铁隧道，变形控制达到毫米级，攻克了深厚淤泥层大直径泥水平衡盾构上浮控制难题。

隧道标准断面

隧道主线西口

1 "软土隧道强震非一致作用安全控制技术"获得2018年度上海市科技进步奖一等奖;

2 "面向基础设施的长寿命智能无线传感网技术及其应用"获得2019年度教育部高等学校科学研究优秀成果奖技术发明奖一等奖;

3 "LED隧道照明系统技术"获得2016年度上海市科技进步奖二等奖;

4 "地下连续墙关键工艺创新""超大直径泥水平衡盾构施工工法创新及应用""全方位高压喷射注浆加固成套技术与工程应用"分别获得2015年度、2016年度、2018年度上海市科技进步奖三等奖;

5 2018年度上海市市政公路行业协会上海市市政工程金奖;

6 2019年上半年度杭州市建设工程质量安全管理协会杭州市建设工程"西湖杯"(结构优质奖);

7 2020年度上海市土木工程学会工程奖一等奖。

隧道、立交互通匝道

隧道中段匝道出入口

# 上海嘉闵高架路北段工程

推荐单位

中国土木工程学会市政工程分会

## 1 工程概况

上海嘉闵高架路北段工程属于上海虹桥综合交通枢纽外围快速疏散系统配套工程之一，是支撑国际开放"大虹桥"发展的重要交通设施，起到了服务虹桥枢纽、完善城市快速路网的重要作用。

工程总长约11.3km，主要包括主线高架、六对平行匝道、两座互通立交、三座跨线桥和十数座地面桥梁。

全景

工程采用主线高架+地面道路形式。主线高架为城市快速路，双向6~8车道，地面道路为城市主干路，双向6快2慢的建设规模。

该工程是国内首个采用全预制装配技术、工业化建造的城市高架桥梁工程。在秉承"快速、绿色、低影响、可持续"的建设理念下，创立了桥梁全预制装配设计、施工成套关键技术，使其对交通和环境的影响降至最低。

工程于2012年7月10日开工建设，2016年9月28日竣工，总投资82.39亿元。

## 2 科技创新与新技术应用

1. 首次构建具有众多自主知识产权的桥梁全预制装配设计、施工成套技术，实现显著综合效益，在国内城市基础设施建设中起到引领示范的作用。

2. 首次在国内打造形成融合工业化、信息化的高精度预制构件生产及管理体系，实现了构件预制全过程的高精度、智能控制。

3. 采用"新型悬挂式双层桥"和"分幅建造横向合龙为超宽整体式桥"的创新设计方案，因地制宜提高了复杂节点时空利用效率，顺利实现施工期交通不中断。

4. 在国内首次形成预制装配合理连接构造，并通过规模化、系统化的基础理论及试验研究，验证了连接构造的可靠性能。

5. 形成桥梁结构构件大节段工厂预制、现场拼装的高架桥建造体系，制定了工程建设标准，将大量科技成果转化成生产力，为国内工业化全预制装配桥梁的产业发展奠定了基础。

分幅建造横向合龙超宽整体式桥

获奖情况

1  "工业化全预制桥梁设计施工关键技术研究及应用"获得2018年度上海市科技进步奖二等奖、2017年度华夏建设科学技术奖二等奖；

2  "城镇化软土地区高速公路改扩建成套技术研究及工程示范"获得2019年度上海市科技进步奖二等奖；

3  "装配式桥梁快速施工结构体系研发及其应用"获得2018年度中国公路学会科学技术奖一等奖；

4  "工业化全预制装配式桥梁设计施工关键技术研究与应用"获得2018年度上海市公路学会科学技术奖一等奖；

5  "桥梁墩柱预制拼装及钢筋模块化关键技术研究"获得2014年度上海市公路学会科学技术奖一等奖；

6  2017年度上海市勘察设计行业协会上海市优秀工程设计一等奖；

7  2017年度上海市市政公路行业协会上海市市政工程金奖。

新型悬挂式双层桥

近景

新型桥面板接缝

预制桥墩现场装配

预制构件加工场

# 北京槐房再生水厂

推荐单位
北京市建筑业联合会

## 1 工程概况

　　槐房再生水厂是缓解北京市城区污水处理压力，改善地区水环境质量的重要民生工程。水厂处理规模60万m³/d，占地面积31.36公顷，是全球最大的全地下MBR再生水处理厂，也是北京市中心城区特大型全地下生态智慧再生水厂，承担着北京市主城区近1/10流域面积的污水处理，具有"占用空间小、噪声及环境影响小、节省土地、美观性好"等特点。污水处理采用MBR工艺，处理构筑物采用全地下建设，水厂地下部分面积约17万m²，深度达17.45m，水厂地上部分建

设12.76公顷再生水人工湿地；污泥处理采用"热水解+厌氧消化+板框脱水"工艺，实现污泥的无害化处置。设计出水水质达到《城镇污水处理厂水污染物排放标准》DB11/890—2012中B标准的要求，出水主要用于河湖补水、绿化、市政杂用、工业冷却用水等。该工程每年可为河道补充2亿m³高品质再生水，年产约15万t有机营养土用于土地利用，年产2400万m³沼气，每年可以降低碳排放2万t，社会、经济和环境效益显著。

本工程创新成果通过了北京市住房城乡建设委和北京市科委的科技成果鉴定，并获得两项省部级工法，被北京市住房城乡建设委评为"北京市建筑业新技术应用示范工程"和"北京市绿色安全样板工地"等。

工程于2014年3月28日开工建设，2017年12月31日通过竣工验收，总投资50.88亿元。

# 2 科技创新与新技术应用

**1** 建成了全球最大的全地下MBR再生水处理厂，为首都城市发展提供了经济优质的重要战略水源，并实现了安全、生态、智慧水厂建设，推动了行业进步，对国内外全地下再生水厂规划、设计和施工具有示范作用。

**2** 工程总体达到国际先进水平，其中地下水厂绿色建造技术达到国际领先水平。"北京市中心城区特大型全地下再生水厂现代化建造技术""水工构筑物大面积滑动层施工技术""超大型水工构筑物跳仓法施工技术""大型建筑工程智慧建造与运维关键技术"等技术创新成果，以及两项省部级工法"水工构筑物大面积滑动层施工工法"和"污水处理厂塑料管道粘接施工工法"，对行业其他工程建设具有重要指导作用。

**3** 采用先进的MBR污水处理工艺、热水解+消化+板框脱水的污泥处理工艺和通风除臭集成技术，达到了国际领先、国内最高的再生水、污泥和臭气处理标准。

**4** 自主创新的厌氧氨氧化侧流脱氮技术，减少消化液回流对水处理区总氮负荷的影响，实现了不需要外加碳源的低能耗脱氮。

**5** 解决了全地下水工构筑物的开裂问题，并首次将4m小直径盾构应用于污水、再生水管线的施工，取得良好的效果。

**6** 在本行业内率先采用了BIM数字建造技术，体现了智慧水务理念。

**7** 湿地公园防渗、水深及覆土深度的设计实现了动植物生活环境需求、地下工程安全要求、整体投资控制的平衡。实现了再生水的自然循环，构建了宜居的生态环境。

**8** 实现水厂高度自动化运行，并针对地下水厂采取了防淹泡、人员安防及危险识别系统的安全保障措施。

**9** 研究形成了空间高效利用技术、全地下安全设计技术，以及超长、超宽混凝土抗裂防渗技术等，解决了构筑物全地下布置，防淹泡、防渗漏、防火、防毒气等安全运行问题。

**10** 工程具有显著的社会、经济和环境效益。地下式建造降低了对周边环境的影响，节约土地40%，且水厂每年可为河道补充2亿m³高品质再生水，年产约15万t有机营养土和2400万m³沼气，每年可以降低碳排放2万t。

北京槐房再生水厂湿地公园

全地下再生水厂顶板上浅覆土湿地

北京槐房再生水厂湿地供水——"一亩泉"

地下再生水厂地下主通道

1   2018年度国际水协会全球项目创新奖金奖；

2   "北京市中心城区大型地下生态水厂现代化建造技术研究与应用"获得2017年度中国施工企业管理协会科学技术进步一等奖；

3   "市政排水和污水处理公共服务标准综合体构建及示范"获得2016年度北京水利学会北京水务科学技术奖一等奖；

4   2019年度中国勘察设计协会行业优秀勘察设计奖"优秀市政公用工程设计"一等奖；

5   2019年度北京工程勘察设计行业协会北京市优秀工程勘察设计奖一等奖；

6   2016年度北京市政工程行业协会市政基础设施结构"长城杯"金质奖；

7   2019年度北京市政工程行业协会市政基础设施竣工"长城杯"金质奖。

北京槐房再生水厂美景

武汉东湖国家自主创新示范区有轨电车试验线工程

推荐单位
中国土木工程学会城市公共交通分会

# **1** 工程概况

该工程线路全长32.5km，采用100%低地板超级电容供电制式车辆，最高运行速度70km/h，设站45座，其中高架站4座，地面站41座。

线路以地面敷设为主，其中地面线28.3km，高架线4.2km。全线共设置桥梁段7处，其中跨武黄高速大桥一座，

有轨电车高架段

最大跨径102m；线路在三环线设两处三通桥梁，关山大道处三通采用异形、大跨、连续、小半径结构体系人字形叠合梁，最大跨径53m。

工程设流芳车辆基地一座，占地约9.8公顷，九峰停车场一座，占地约8.2公顷，共同承担车辆停放和日常运用任务。

流芳车辆基地预留有轨电车与周边地块一体化开发规划建设实施条件，实现了沿线12万m²的立体化轨道交通城市综合体开发。

工程于2014年7月开工建设，2017年12月竣工，总投资69.8亿元。

1 研制成套土建设计施工新技术。高架大小三通小半径（R-79m）、S曲线、大跨度钢混梁首次采用人字形叠合梁设计方案，关山大道区间跨三环的人字形箱梁3个节段研制小半径拖拉工法。

2 形成成套轨道机电设计施工新技术。采用CPⅢ测量控制网+轨检小车极大提高有轨电车轨道铺设精度，研制移动式槽型轨小型弯轨机，铺设首个50～60R2异型过渡轨。

3 首创有轨电车网络化运营管理控制系统深度集成中心平台；研发基于超级电容供电模式下有轨电车与道路交通协同组织的网络化运营组织管理技术，实现运营交路里程达建设里程的3倍。

4 研发了一种应用轻量化车头及新型转向架的100%低地板有轨电车新型超级电容供电制式车辆；攻克了有轨电车超级电容容量小、寿命短、充电时间长的难题，研发了一种能够适用于全线无架空电缆快速充电的新型有轨电车的高比能量、高比功率、长寿命、大容量超级电容储能系统。

5 基于超级电容制式下的"离线协调拟合"及与道路交通协同的有轨电车信号优先控制技术研发应用，提高东湖有轨电车旅行速度10%~15%。

6 建成集智慧车场与综合开发一体化车辆基地，应用有轨电车综合规划、一体化建设、智能运维建管新技术。

大三通

1　"有轨电车工程综合技术与示范应用"获得2019年度上海市科技进步奖二等奖;

2　2019年度北京工程勘察设计行业协会北京市优秀工程勘察设计奖"市政公用工程（轨道交通）综合奖"二等奖;

3　2019年度上海市勘察设计行业协会上海市优秀工程设计二等奖;

4　2019年度湖北省市政工程协会湖北省市政示范工程金奖。

有轨电车

有轨电车与国际网球体育中心

有轨电车行驶在未来科技城

佛山市天然气高压输配系统工程

推荐单位
中国土木工程学会燃气分会

# 1 工程概况

该工程是中国首个大规模引进LNG试点项目——广东液化天然气接收站和输气干线项目的重要组成部分。工程的规划设计规模为年供气量16亿m³，2019年供气量超过22亿m³，最大日供气量达1116万m³，在一次能源中占比超过12%，是目前国内同类城市中供气量最大的高压输配系统工程。工程

明城门站和LNG储配站合建

建设内容包括各类厂站18座、超高压和高压输气管网150余公里、智慧燃气信息管理系统及运维设施等。工程服务佛山市域100多万户居民用户和4700多户工商用户。

工程面向全市域，按同城共享、全城"一张网"的建设目标规划，率先应用高压管道与LNG联合调峰模式、智慧管网等先进技术，对管道设施实行全生命周期完整性管理，有效保障了压力均衡、应急调峰和供气安全，实现了全方位多气源的互联互通互补、输配管网结构的合理高效。

工程于2005年11月开工建设，2017年7月竣工，总投资约13.7亿元。

**1** 前瞻性、创新性地整体规划设计了城镇天然气超高压和高压输配系统，形成佛山全市"一张网"的合理布局结构，系统可靠性、可扩展性和经济性优势显著，为《城镇燃气设计规范》GB 50028等国家标准及规范的制定提供了科学依据和工程案例，为粤港澳大湾区天然气管网的互联互通奠定了良好基础。

**2** 国内首先采用高压管道储气和LNG高压气化联合应急调峰模式，以及上下游厂站、调压站和阀室的整合建设，保障了系统稳定供气，有效节省了土地和投资。

**3** 针对地质条件非常复杂的西江穿越工程，创新运用了"两级套管接龙固孔工法"和"陀螺仪定位+CCTV内窥技术"，

解决了粉砂层等复杂地质情况下成孔难、定向钻穿越竣工资料不准确和施工质量难检测的重大技术问题。结合工程实践，获得长输管道清管、试压等6项省部级工法。

**4** 率先在城镇燃气行业中实施管道完整性管理。高压、次高压管道智能内检测率达100％，其中DN350次高压管道内检测技术填补了国内行业空白。

**5** 工程应用物联网等智慧管网先进技术，集成管网地理信息系统GIS、管网巡查管理系统GPS、数据采集与监控系统SCADA、客户服务系统TCIS等，实现了监控预警、应急抢险、巡检维护和用户服务的全面智能化管理。

**南庄门站**

光固化保护

🏆 获奖情况

1　2017年度广东省政府质量奖；

2　2015年度、2017年度佛山市建筑业协会佛山市建设工程优质奖。

多系统协同工作的调度中心

次高压管道漏磁检测

双通道卸车工艺

瑞源·名嘉汇住宅小区工程

推荐单位
中国土木工程学会住宅工程指导工作委员会

# **1** 工程概况

该项目位于青岛市西海岸新区。合理组织空间规划布局、全明的户型设计、满足了不同住房人群的需求。项目总占地面积72124m²，建设9栋27~32层高层住宅、配套商业服务用房及地下两层停车库。局部设下沉广场，增加自然采光，改善车库环境。

项目总建筑面积31.42万m²（其中住宅19.9万m²，商业

服务及配套2.02万m²，地下9.5万m²），容积率3.0，建筑密度18.78%，规划绿化率为33.6%，实际绿化率为40%（不含7100m²的屋顶绿化）。总户数为1328户，车位为1992个（其中地上180个，地下1812个）。

项目贯穿"智慧科技、绿色环保、全寿命、可持续"的理念，充分尊重、利用周边资源。深耕5G智慧社区，打造社区智慧生活平台，实现业主"一键式购物、点餐、家政、健康医疗、缴费等多项服务"，提供高品质智能配套服务体系，彻底实现社区居家养老。

项目于2010年11月开工，2015年7月竣工，总投资23.58亿元。

## 2 科技创新与新技术应用

**1** 宜居规划新体验：项目贯彻以人为本、健康宜居的理念，前瞻性地将智慧颐养融入规划设计。全明户型设计、菜单式精装修交付、30000m²中心景观，完全人车分流，营造出"住区中的花园，花园中的住区"的宜居新生活。

**2** 智慧颐养新生活：自主研发的人脸识别门禁、电梯人脸识别控制、手掌静脉生物识别技术，在节能环保的同时构建了高效的住宅设施与家庭日程事务的管理系统，不但实现四级安防管理体系，也提升了家居安全性、便利性、舒适性。本小区是青岛西海岸新区首个覆盖5G信号的住宅小区，基于5G技术的无人驾驶清扫车已为小区服务，为业主创造了崭新的智慧生活体验。综合"机构、社区、居家"

航拍

三级养老体系，融合颐养护理院、社区爱邻里服务平台，构建智慧养老服务新体系，通过线上线下建设和融合发展，为老人提供不离家、送上门、24h全天候的颐养保健、健康管理、生活照料、定期体检等精准服务，真正实现了社区居家养老。由智慧中央厨房、闻达客生活驿站与"城市攻略"智慧生活组成平台，为业主提供绿色、营养、健康的就餐体验。实现了线上下单、送货到家的便捷服务。

3 绿色环保新技术：设置光导管为车库辅助照明、500m³的雨水收集设施用于灌溉和道路冲洗、7100m²的屋面绿化、整体菜单式全装修交付、引入垃圾分类系统，贯彻绿色节能环保的发展理念。

4 全程配套"心"服务：项目的开发建设、物业管理、智慧颐养社区搭建，诠释了建筑全生命周期建设、服务的"心"理念。

5 沿街网点屋顶全部绿化设计：项目将小区内的景观延伸到屋面，将城市绿化延伸到了建筑顶部，将建筑和园林结合起来，增加了城市的绿地面积，节约用地、开拓绿化的空间，改善城市热岛效应。屋顶绿化还增加了屋面的保温隔热效果，降低城市道路噪声对住区的影响，提高了屋面的使用寿命。兼顾建筑的环境的同时，又能改善城市的生态环境。

🏆 获奖情况

1 2013～2014年度中国房地产业协会、住房和城乡建设部住宅产业化促进中心"广厦奖"；

2 2015年度山东省住房和城乡建设厅山东省优秀工程勘察设计成果竞赛一等奖；

3 2014年度山东省住房和城乡建设厅山东省建筑工程质量"泰山杯"工程；

4 2011年度住房和城乡建设部三星级绿色建筑设计标识证书；

5 2015年度住房和城乡建设部三星级绿色建筑运行评价标识证书。

建筑立面

下沉广场